Dr. Wolf
Tiersprechstunde für Katzen

unter Mitarbeit von
Dr. med. vet. Medea Mahkorn und
Dr. med. vet. Vera Weingärtner

hundkatzemaus
das haustiermagazin

KOSMOS

Hier sind nochmals in einer Übersichtstabelle häufig vorkommende Symptome aufgelistet und ihren möglichen Krankheiten zugeordnet. Im Zweifelsfall bitte nochmals im entsprechenden Kapitel nachlesen.

Beschwerden und Symptome	Wahrscheinliche Ursachen und Diagnose	Selbsthilfe
Erbrechen	Ileus, Gastritis, Toxoplasmose, Infektionskrankheiten: FIV, Leukose	Bei komplikationslosen Erbrechen bitte Diät füttern und bei Erbrechen von Haaren vorbeugend eine Malzpaste verabreichen, s. S.44. In anderen Fällen bitte den Tierarzt aufsuchen. Achtung: bei unstillbaren Erbrechen bitte sofort zum Tierarzt.
Verstopfung	Haarballen, Fremdkörper, Ileus	Es kann versucht werden die Verstopfung mit diätetischen Mitteln in den Griff zu bekommen s. S.46. Setzt die Katze aber länger als 2 Tage keinen Kot ab, muß sie zum Tierarzt.
Durchfall	Würmer, Vergiftung, Toxoplasmose, Infektionskrankheiten: Leukose, FIV.	Handelt es sich um einen komplikationslosen Durchfall, der nicht länger als 2 Tage anhält, kann eine Diät gefüttert werden, s. S.44 und S.45. Bei schwerwiegendem Durchfall sollte der Tierarzt aufgesucht werden.
Inappetenz (Appetitmangel)	Fremdkörper im Bereich der Maulhöhle, Zahnstein, eosinophiles Granulom, Infektionskrankheiten: Katzenschnupfen, Leukose, FIV.	Zuerst die Maulhöhle der Katze gründlich untersuchen s.Kap.Mundhöhle. Dann versuchen der Katze Leckerbissen anzubieten, veweigert sie auch diese, zum Tierarzt gehen.
Abmagern (mit Appetit)	Würmer, Hyperthyreose	Entwurmen, falls das keine Besserung bringt, zum Tierarzt gehen.
Abmagern (ohne Appetit)	Gastritis (meist mit Erbrechen und/oder Durchfall), Zahnprobleme, Infektionskrankheiten: FIV, Leukose	Wenn eine Katze länger als zwei Tage keine oder wenig Nahrung zu sich nimmt gehört sie in die Behandlung eines Tierarztes, s. auch S.7.
Lahmheit	Insektenstich, Schnittwunde, ausgerissenen Kralle, Bruch, Gefäßverstopfung (Thrombose)	Alle vier Gliedmaßen gut untersuchen (s. S.51). Der Insektenstich kann mit Essigwasser oder einem Gel (s. S.19) behandelt werden. Alles andere gehört in die fachmännische Hand eines Tierarztes. Achtung die Gefäßverstopfung ist ein Notfall: fühlt sich die Gliedmaße kalt an (s. S.44) bitte sofort zum Tierarzt!

Beschwerden und Symptome	Wahrscheinliche Ursachen und Diagnose	Selbsthilfe
Katze trinkt zuviel	Diabtes mellitus, Niereninsuffizienz	Bitte die Trinkmenge ausmessen (s. S.7, 50 und 53). Trinkt die Katze tatsächlich zuviel bitte den Tierarzt aufsuchen.
Nasenausfluss (wässrig, eitrig, oder blutig)	Infektionskrankheiten: Katzenschnupfen, FIP, Fremdkörper im Bereich der Nase, den Bronchien oder der Lunge, Toxoplasmose, Tumore (selten), Vergiftung (Cumarin, Östrogene: führen zu Blutgerinnungsstörungen)..	Ist der Nasenausfluß einseitig und nicht wässrig deutet dies auf ein ernsteres Problem hin (z.B.Fremdkörper, s. S.33), hier bitte zum Tierarzt. Das gleiche gilt bei Vergiftungsverdacht, wobei es erst bei wiederholter Aufnahme oder hohen Dosen zu Symptomen kommt, dann kann der Nasenausfluss blutig sein und ebenso von blutigem Erbrechen und/oder blutigem Durchfall begleitet sein. Bei beidseitigem, wässrigen Nasenausfluß kann man versuchen die Katze inhalieren zu lassen (s. S.33). Auch dieser sollte sich nach 2–3 Tagen bessern.
Atemnot	1 Zwerchfell, Leber- und Bauchfellentzündung. 2 Lungen- und Rippenfellentzündung	1 Sind durch eine reine Brustatmung gekennzeichnet. 2 Sind durch eine reine Bauchatmung gekennzeichnet. Jede Atmenot gehört tierärztlich abgeklärt. Bei plötzlich auftretender Atemnot kann die Katze aktiv sowie passiv beatmet werden, s. S.13.
Auge Nickhautvorfall (Vorfall des 3. Augenlids)	Würmer, Neurologisch bedingt	Ist der Vorfall beidseits und die Katze wurde schon lange nicht mehr entwurmt (s. S.38), kann dies die Ursache sein. Weist sie zusätzliche Symptome auf z.B. einseits oder beidseits, vergrößerte/verkleinerte Pupillen, herabhängendes Oberlid, Verschlechterung des Allgemeinbefindens, kann es sich um eine neurologische Störung handeln. Bitte an einen Augenspezialisten wenden.

Beschwerden und Symptome	Wahrscheinliche Ursachen und Diagnose	Selbsthilfe
Augenentzündung	Fremdkörper, Distichiasis (Verdopplung der Wimpernreihe), Katzenschnupfen	Auch diese Erkrankung sollte dem Tierarzt vorgestellt werden. Bei leicht tränenden Augen kann natürlich versucht werden, nachzusehen ob man einen Fremdkörper sieht und diesen vorsichtig mit einem feuchten, nicht fusselnden Tuch entfernen (nicht mit einer Pinzette! Dies kann bei abrupten Abwehrbewegungen eine Augenverletzung hervorrufen). Eine Wimper läßt sich meist nicht entfernen, weil diese entfernt werden muß.
Blindheit	Niereninsuffizienz, Kreislaufstörungen, Herzprobleme, Glaukom, Pilzerkrankungen, Toxoplasmose, FIP.	Fällt auf, das die Katze plötzlich blind geworden ist, bitte sofort zum Tierarzt. Manchmal kann der Katze bei Blindheit die u.a. durch zu hohen Blutdruck oder zu hohen Augeninnendruck hervorgerufen wurde, anfänglich noch durch Medikamente geholfen werden. S. auch S.39.
Starkes Speicheln	Zahnstein, Vergiftungen, Fremdkörper, Aujeszky	Zunächst gründlich die Maulhöhle untersuchen, s. Kap..Mundhöhle. Weist die Katze zusätzliche Symptome auf (s. S.19 und S.27), sollte sie dem Tierarzt vorgestellt werden.
Kopfschiefhaltung	Ohrentzündung (Otitis media), Fremdkörper im Ohr	Die Kopfschiefhaltung ist ein ernstzunehmendes Symptom, bitte gleich den Tierarzt aufsuchen um bleibende Schäden zu vermeiden.
Gesteigerte Aggressivität	Schilddrüsenüberfunktion, Tollwut, Gehirntumor (selten)	Handelt es sich hierbei nicht um eine vorübergehende Phase oder kann ein Verdacht auf Tollwut bestehen (die Katze ist ungeimpft, hat Kontakt zu Wildtieren, wurde gebissen, s.S. 25) bitte sofort zum Tierarzt und ihn vorab von ihrem Verdacht in Kenntnis setzten. Bei einer Schildrüsenüberfunktion(S.54) magert die Katze meist trotz gutem Appetit ab, auch hier bedarf es einer Abklärung durch den Tierarzt.

Beschwerden und Symptome	Wahrscheinliche Ursachen und Diagnose	Selbsthilfe
Krämpfe	Vergiftung, Tollwut, Epilepsie, Aujeszky	Wurde Epilepsie (s. S. 31) bereits bei ihrer Katze festgestellt können Sie ihr ein Beruhigungszäpfchen (Desitin rectal) verabreichen. Treten solche Abfälle trotz medikamentöser Behandlung häufiger auf, muß die Katze neu eingestellt, d.h. ihre Dosis muß erhöht oder das medikament gewechselt werden. In allen anderen Fällen bitte umgehend zum Tierarzt.
Lähmung	Tollwut, Aujeszky, Wirbelsäulenverletzung (Rückenmarkverletzung), Beckenbruch, Gefäßverstopfung	Jede mögliche Ursache gehört so schnell wie möglich in die fachkundige Behandlung eines Tierarztes .Wichtig: bei Verdacht auf eine Wirbelsäulenverletzung oder einen Beckenbruch die Katze wenig bewegen und die Transportkiste gut auspolstern. Wenn möglich die Katze in eine Decke einwickeln und sie flach liegen lassen.
Haut Haarprobleme (struppiges, glanzloses Fell, Schuppen), mit Juckreiz	Pilze, Würmer, chronische Krankheiten, psychische Probleme: z.B. psychogener Leckreiz, zu einseitige Ernährung, hormonell bedingt, Katze zu dick (kann sich nicht mehr selbst putzen).	Sind die Probleme nur vorrübergehend, kann es sich auch um einen Fellwechsel oder eine vorrübergenede Störung handeln. Bitte das Fell gründlich nach Parasiten absuchen, s. S.29 und S.32. Bei länger andauernden Symptomen sollte die Katze einem Tierarzt vorgestellt werden, der auf Hauterkrankungen spezialisiert ist und einen Allergietest durchführen kann. In der Regel kann man sich an eine Universitätstierklinik wenden oder Adressen über die Tierärztekammer beziehen. Bitte vorher keine Selbstbehandlung durchführen und keine kortisonhaltigen Salben verwenden, da dies die Diagnose erschwert.
Ohne Juckreiz	Allergie (Pflanzenpollen, Putzmittel, Flohspeichel, Futtermittel), Pilze, Insektenstich, Ektoparasiten	Auch hier bitte einen versierten Tierarzt aufsuchen, s. Kap. Die Haut.

Die gesunde Katze

So kann eine große Freundschaft entstehen: Plötzlich steht ein Kätzchen mit fragendem Blick vor Ihnen und möchte bei Ihnen einziehen.

Wie man zu einer Katze kommen kann

Normalerweise ist keine Absicht vorhanden, und doch: Während eines Spazierganges werden Sie von einem reizenden Tier mit erhobenem Schwanz verfolgt. Diese Haltung entspricht dem Schwanzwedeln eines Hundes und drückt oft auch aus, dass diese Katze zumindest die Absicht hat, einmal bei Ihnen reinzuschauen, um vielleicht den Inhalt Ihres Kühlschrankes zu kontrollieren, Ihre Wohnung zu besichtigen und sich Gedanken darüber zu machen, ob Sie vielleicht einen zweiten Besuch wert sind. Noch ahnen Sie nichts von Ihrem Glück und erfreuen sich nur an ihrer Gegenwart. Sie gehen auf die Wünsche der Katze ein und sagen ihr natürlich: »Aber nur einmal!« – und dann entlassen Sie den netten Besucher.

Adoption Ein paar Tage später werden Sie wieder besucht, und spätestens beim dritten Mal müssen Sie dann einsehen, dass Sie von der Katze adoptiert wurden. So beginnen die großen Freuden, die kleinen Sorgen und eine große Liebe. Nun sind Sie stolzer Besitzer eines kleinen Stubentigers, für den Sie sorgen müssen und der von nun ab Ihr Leben mit Ihnen teilen möchte.

Leben mit einer Katze

- **Ein passender Spielgefährte** Und noch etwas: Bei einer Katze sollte es nie bleiben, sie langweilt sich tödlich. Deshalb immer ein Pärchen und somit verdoppelt sich Ihr Glück. Am besten nimmt man von Anfang an zwei Katzen. Wenn dies nicht mög-lich ist, sollte man einer dominanten Katze eher eine anpassungsfähige dazugesellen. Oder einer schüchternen, keine dominante. Aus tierschützerischen Gründen empfiehlt es sich, im Tierheim nachzufragen, die einen auch diesbezüglich gut beraten werden.
- **Geschichte** Die Katze wurde schon zu Zeiten der Pharaonen (3. Jahrtausend v. Chr.) als Göttin verehrt, die Zahl der verschiedenen Rassen, Farben und Züchtungen ist

nahezu unbegrenzt. Und doch ist eines sicher: Die schönste Katze ist natürlich die, von der Sie adoptiert wurden, die nie das macht, was Sie möchten, sondern nur immer das, was sie will.

> **Zusammenleben** So müssen Sie davon ausgehen, dass Vorhänge, Sitzgarnituren und Teppiche aller Art zum Kratzbaum gekürt werden. Man kann dem natürlich etwas entgegen wirken, indem man der Katze einen Kratzbaum o.ä. zur Verfügung stellt. Ihre Schränke und deren Inhalt werden gerne als Ruheplatz ausgewählt, und es darf keine verschlossenen Türen mehr geben.

> **Schlafgelegenheit** Nichts ist so schlimm für dieses unzähmbare Wesen, als aus- oder eingeschlossen zu sein und so nicht mehr, wie sich das gehört, auch die Nacht mit seinem Freund, der Sie nun geworden sind, verbringen zu können. Dies ist für manche Katzenbesitzer etwas gewöhnungsbedürftig. Besonders wenn kleine Kinder oder Säuglinge im Haus sind, möchte man das nicht. Dann ist es günstig, der Katze nachts einen ruhigen, warmen Platz anzubieten und sie von Anfang an daran zu gewöhnen, das sie nicht ins Bett darf.

Bei allen Freuden, die Sie nun haben werden, dürfen Sie nicht vergessen, dass unsere Kätzchen lebendige Wesen sind, die, wie unsere Kinder, vielen Sorgen, Nöten, Krankheiten und Gefahren ausgesetzt sind. Dieses Buch soll Ihnen dabei helfen, die Risiken zu erkennen und, wenn möglich, zu vermeiden.

Sie hat ihren Lieblingsplatz gefunden...

Auf einen Blick

Entspannte Katze

Ist die Katze entspannt, liegt sie meist gemütlich an einem ruhigen Plätzchen. Die Augen sind geschlossen oder blinzeln schläfrig, das Fell liegt am Körper an und die Ohren „hängen" seitlich am Kopf. Die Katze liegt entweder gemütlich zusammengerollt oder in einer anderen bequemen Lage an ihrem Lieblingsplatz. Der Schwanz baumelt herab und bewegt sich nicht. Entweder schnurrt sie behaglich vor sich hin oder genießt ihre Zufriedenheit in aller Stille.

Freundliche Katze

Eine freundlich gesinnte Katze kann man am aufgestellten Schwanz, an den nach vorne gerichteten Ohren und an den offenen bzw. halb geschlossenen Augen erkennen. Das Fell liegt am Körper an, die Körperhaltung ist entspannt und sie streicht auffordernd um Ihre Beine oder springt auf Ihren Schoß. Die Schnurrhaare sind seitlich auseinandergefächert. Währenddessen schnurrt sie oder begrüßt Sie mit einem auffordernden Miau.

> Was sagt die Katze?

Ängstliche Katze

Hat die Katze Angst oder fühlt sich unterlegen, legt sie die Ohren an. Die Pupillen sind weit geöffnet, die Nackenhaare gesträubt und sie vermeidet Blickkontakt. Auch ihre Körperhaltung drückt durch geduckte Haltung ein „ich bin gar nicht da" aus. Die Schnurrhaare sind eng beieinander und zeigen nach hinten oder unten. Bei großer Angst kann es auch ein Schnurren sein.

Aggressive Katze

Die aggressive Katze trägt ihre Ohren aufgestellt und nach außen gerichtet. Die Augen sind zu Schlitzen verengt und sie starrt ihr gegenüber an. Der Körper wird durch einen Drohbuckel aufgerichtet und durch aufgestellte Haare scheinbar noch vergrößert. Der Schwanz peitscht hin und her und zeigt im Gegensatz zum Hund alles andere als Freude. Die Schnurrhaare weisen nach vorne und sind auseinandergefächert. Ein deutliches Knurren und Fauchen signalisiert jedem, dass er ihr lieber nicht zu nahe kommen soll.

Wie viele Katzen braucht die Katze?

- **Katze und Mensch** Eine Katze braucht immer einen Partner. Dieser können Sie jedoch nur dann sein, wenn Sie häufig zu Hause sind.
- **Zwei Katzen** Sind Sie dagegen berufstätig oder viel unterwegs, kann eine einzelne Katze sehr vereinsamen. In diesem Fall sind zwei Katzen immer besser, auch wenn die Faucherei während des sich kennen lernens manchmal sehr eindrucksvoll ist.
- **Katze und Hund** Ebenso wird sich die Katze an einen Hund gewöhnen und mit ihm sogar das Fressen teilen, nur sollte es dann ein junger und lernfähiger Hund sein. Es sollte kein Schützling sein, dessen Vorgeschichte, Leiden sowie Charakter Ihnen nicht bekannt ist.
- **Andere Hausgenossen** Auch gibt es Beispiele, wo sich Katzen sehr gut an Mäuse, Ratten, Vögel, Kaninchen und Hasen gewöhnt haben. Dies scheint mir jedoch eher die Ausnahme zu sein; instinktmäßig ist dies nicht vorgesehen.

Zwei wie Hund und Katze - doch in diesem Fall ist es eine echte Freundschaft.

Kater oder Katze?

Ist das Kätzchen ein Männchen oder ein Weibchen? Dies festzustellen ist bei Welpen manchmal selbst für den Tierarzt schwierig, bei ausgewachsenen Tieren lässt es sich hingegen relativ leicht an den äußeren Geschlechtsorganen erkennen. Der Abstand zwischen der Geschlechtsöffnung und dem After ist beim Kater größer als bei der Katze.

Der Kater

- **Geschlechtsorgane** Der Penis des Katers ist meistens nicht sichtbar, da er unter dem Fell versteckt ist. Er kann jedoch, wenn der Kater sich putzt oder erregt ist, in Erscheinung treten. Es handelt sich um ein rosig aussehendes, leicht raues Organ von 2 bis 3 cm Länge.
  Die Hoden des ausgewachsenen Katers können Sie eigentlich nicht übersehen, sofern der Kater nicht bereits kastriert ist.
- **Geschlechtsreife** Die sexuelle Reife des Katers kann ab einem Alter von 6 Monaten erwartet werden, und so kann der Kater dann, wenn er gerade seine Milchzähne verloren hat, schon Vater werden; und dies ist bis ins hohe Alter möglich.
- **Verhalten** Mit der Sexualreife geht eine Verhaltensänderung Ihres kleinen Katers einher. Er markiert sein

Hier ist deutlich zu erkennen, warum die Rolligkeit Rolligkeit heißt.

Umfeld durch Verspritzen von Urin, er kämpft regelmäßig mit seinen Nachbarn, er sucht Freundinnen und ist somit oft abwesend (die Reviere unkastrierter Katzen sind wesentlich größer), er kommt mit verbissenen Ohren oder sonstigen Kampfspuren nach Hause. Auch Viruserkrankungen, die durch Bisse übertragen werden können, aber auch tiefe Wunden, Abszesse etc. sind oft Folge von Konkurrenzkämpfen unkastrierter Kater. Da ihre Streifzüge ausgedehnter sind, sind auch die Gefahren durch Straßenverkehr, Fallen und Kampfverletzungen erheblich.

Die Katze

- **Geschlechtsreife** Die weibliche Katze kann zwischen dem 7. und 9. Monat zum ersten Mal rollig werden. Die Perserkatzen hingegen sind langsamer und meist erst mit 12 Monaten erwachsen, wohingegen die Siamkatzen früher geschlechtsreif werden.
- **Rolligkeit** Katzen signalisieren ihre Paarungsbereitschaft, die Rolligkeit, sehr deutlich. Die Katze ist dann extrem anhänglich und präsentiert ständig ihre Geschlechtsöffnung, wobei sie das Hinterteil hochhebt und mit den Hinterbeinen zu treten beginnt. Die Rolligkeit tritt 2-3 mal oder häufiger pro Jahr auf und dauert zwischen 3 und 15 Tagen. Die Trächtigkeitsdauer beträgt 58-63 Tage.
- **Ovulation** Bei Kätzinnen wird die Ovulation (Eisprung) erst durch den Deckakt ausgelöst. Somit können einzeln gehaltene Tiere unter Umständen die ganze Paarungssaison (Februar bis Juni) immer wieder rollig werden.

Geburtenregelung

Für die Katze ist dieser unerfüllte Sexualtrieb sehr frustrierend und für Sie als Katzenhalter kann es auch unangenehm sein.

- **Kastration** In solchen Fällen kann eine Kastration sehr hilfreich sein und sollte in Erwägung gezogen werden. Es ist auch im Sinne des Tierschutzes Freiläufer nicht unkastriert raus zu lassen. Gleichgültig, ob es sich um eine Kätzin oder einen Kater handelt, da sich die Katzen sonst unkontrolliert vermehren. Auch in Deutschland werden jedes Jahr Tausende unerwünschter Kätzchen auf grausame Weise getötet. Durch die Kastration freilaufender Katzen beiderlei Geschlechts wird das Katzenelend erheblich verringert.
- **Wann kastrieren?** Die Kastration der Katze sollte, wenn man unerwünschten Nachwuchs vermeiden will, nach der 1. Rolligkeit geschehen. Dabei werden normalerweise nur die Eierstöcke entfernt. Der Eingriff erfolgt ambulant; d.h., die Katzen können noch am gleichen Tag wieder nach Hause.
- **Andere Verhütungsmethoden** Für die weibliche Katze gibt es sowohl Pillen als auch Spritzen. Ich selbst bin von solchen Aktionen nicht sehr überzeugt, denn der Eingriff in den Hormonhaushalt kann auch Erkrankungen, wie z. B. Gebärmuttertumore, heraufbeschwören.

Die Katze ist weg

Wenn Ihre Katze »Ausgang« hat, lauern viele Gefahren. Sie kann unbeabsichtigt irgendwo eingeschlossen, gestohlen oder überfahren werden. Vorbeugend für den Fall des »Abhandenkommens« sollten Sie ein Foto von ihr haben.

Vermisst Wenn sie verschwunden ist, dann sollten Sie das nächste Tierasyl oder Tierheim informieren, bei der Polizei und den Nachbarn nachfragen, einen Anschlag in allen Geschäften machen, jeden Tierarzt der Umgebung anrufen, in allen Zeitschriften und Anzeigenblättern nachsehen, ob er oder sie nicht gefunden wurde.
Auch die Nachfrage beim Feldschutz oder bei der Stadtreinigung kann helfen, falls Ihr Vierbeiner tot im Straßengraben gefunden wurde. Obwohl der Verlust sehr groß ist, erscheint es mir wichtiger, dass Sie wissen, was aus Ihrer Katze geworden ist.
Um ein rasches Wiederfinden zu ermöglichen, kann man die Katze durch ein Halsband kennzeichnen. Für weitaus sinnvoller halte ich es vor allem bei freilaufenden Katzen, aber auch bei Wohnungskatzen zu tätowieren oder zu chippen und sie somit unverwechselbar kennzeichnen zu lassen. Dies erleichtert zum einen bei zugelaufe-

nen Tieren das Zurückbringen und man kann bei Streitigkeiten den Beweis zu bringen, wem das Tier gehört.
Gerade Tiere, die während eines Umzuges oder auf dem Weg zum Tierarzt entlaufen, finden oft nicht mehr den Weg nachhause. Werden solche Katzen aufgegriffen und ins Tierheim oder zu einem Tierarzt gebracht, so kann anhand der Markierungen festgestellt werden, wem die Katze gehört.

Halsband

Am Sinn eines Halsbandes für die Katze scheiden sich die Geister.

› **Vorteile** Sie bestehen darin, dass die Katze, für jeden sichtbar, jemandem gehört, dass man Namen und Adresse anbringen kann. Das Halsband mit einem Glöckchen zu versehen, um so die Vögel vor der Katze zu schützen, davon halte ich nichts, denn ich denke, es ist eine Quälerei der Katze zuzumuten, ständig ein Bimmeln im Ohr zu haben. In den meisten Fällen handelt es sich bei den gefangenen Vögeln um kranke oder alte Tiere, gelegentlich fallen einer erfahrenen Jägerin auch schon mal Jungvögel zum Opfer. Aber das liegt in der Natur der Sache und der Mensch ist sicher der größere Feind der Vögel durch Einengung ihres natürlichen Lebensraumes.

› **Nachteile,** die aus meiner Sicht überwiegen, bestehen im wesentlichen darin, dass die Katze mit dem Halsband in engen Löchern, an Bäumen oder Ästen hängen bleiben und sich somit selbst verletzen kann. Hängt ein Glöckchen dran, erkennt die Katze Gefahrensituationen später oder überhaupt nicht, da sie z. B. ein heranfahrendes Auto nicht hören kann. Wenn Sie sich dennoch für ein Halsband entscheiden, nehmen Sie bitte eines mit Druckverschluss oder Gummiband, um die Gefahren für Ihre Katze zu verringern.

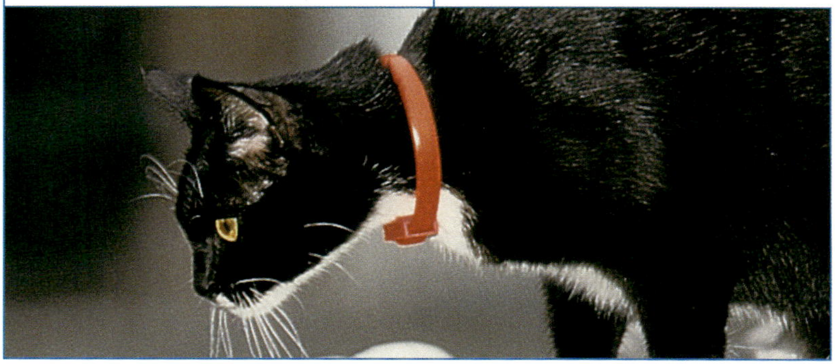

Das Halsband sollte sich beim „Verheddern“ lösen, damit sich die Katze nicht verletzt.

Tätowierung

Die Tätowierung an den Ohrinnenseiten erfolgt in der Regel, wenn die Tiere kastriert werden und dann ohnehin in Narkose liegen.

Mikrochip

Der Mikrochip kann jederzeit auch ohne Betäubung unter die Haut der linken Halsseite gesetzt werden. Jeder ungefähr reiskorngroße Chip wird vom Hersteller mit einer Codenummer versehen, die mit Hilfe eines Lesegerätes sichtbar gemacht werden kann. Unter dieser Nummer müssen Name, Anschrift und Telefonnummer bei nationalen und bei Bedarf auch internationalen Registrierstellen gemeldet werden, um den Besitzer dann im Fundfall auch tatsächlich herausfinden und informieren zu können!

> **Eintrag in den Impfpass** Sinnvollerweise sollten Sie sowohl Tätowiernummer als auch Chip-Nummer in den Impfpass des Tieres eintragen lassen, um jederzeit auch nachweisen zu können, dass es sich tatsächlich um Ihr Tier handelt! Erwerben Sie ein älteres Tier, so vergewissern Sie sich rechtzeitig, ob es eine oder beide dieser Kennzeichnungen trägt und versäumen Sie auch nicht, den Besitzerwechsel rechtzeitig an den entsprechenden Stellen zu melden. Wenn Sie ihre Katze mit in den Urlaub nehmen, sollte sie unbedingt mit einen Mikrochip gekennzeichnet oder tätowiert sein. Falls sie wegläuft, kann der Tierarzt im Zentralregister nachfragen und sich telefonisch mit Ihnen in Verbindung setzen.

> **Zucht** Für die zur Zucht vorgeschriebenen Untersuchungen auf bestimmte Erbkrankheiten (Nierenzysten bei Perserkatzen, Taubheit bei weißen Katzen) müssen die Tiere ebenfalls mit einem Mikrochip gekennzeichnet werden.

Gut getarnt, „Tiger“! Diese Katze ist im Unterholz kaum noch zu erkennen, was ihr als Jäger Vorteile verschafft.

Ein Fall aus Dr. Wolfs Tiersprechstunde

> Mikrochip bei junger Siamkatze

Der Fall

Moritz, der bildschöne junge Siamkater, den ich einst bei einem nächtlichen Kaiserschnitt entbunden habe, erwartet mich mit Frau Günther im Behandlungszimmer. Die Halterin möchte den Kater gerne mit einem Mikrochip, einem sogenannten Transponder, zum zuverlässigen Nachweis der Besitzverhältnisse versehen lassen, da sie ins Ausland verreisen möchte.

Die Behandlung

Der Transponder ist etwa reiskorngroß und in eine Glasperle eingeschweißt, weswegen er auch keine Allergien auslösen kann. Die Applikation ist unkompliziert, unblutig und nicht besonders schmerzhaft. Diese Mikrochips werden mit einer speziellen hohlen Nadel, ähnlich wie bei einer Impfung, unter der Haut ihres Kätzchens implantiert und dienen als permanenter Identitätsnachweis Ihrer Katze. Weltweit werden diese Transponder standardmäßig an der linken Halsseite des Tierchens angebracht. Die im Transponder enthaltenen Angaben zum Besitzer werden vor und nach der Applikation mit dem Lesegerät auf Ablesbarkeit überprüft.

Der Nutzen

Ihre Katze erhält durch den Mikrochip eine Angabe über Ihre Nationalität und eine Nummer, die eine eindeutige Zuordnung des Kätzchens zu ihrem jeweiligen Besitzer gewährleistet. Dieser unverwechselbare Code wird auf einem zentralen Computer gespeichert. Geht das Tier verloren, ist die Nummer, auch in den ausländischen Tierheimen, jederzeit mit einem Lesegerät ablesbar.

Mein Rat

Das ist eine wunderbare Sache, die die Chanchen deutlich erhöhen, ein verloren gegangenes Kätzchen wieder zu bekommen. Das Einbringen eines Mikrochips ist für viele Katzen angenehmer als die Tätowierung, die nur unter Vollnarkose vorgenommen werden kann. Die individuell zugeteilte Nummer des eingesetzten Transpoders sollte man sorgfältig aufbewahren, so dass sie im Notfall jederzeit greifbar ist. Um unnötige Reibung zu vermeiden, sollte Moritz in den nächsten Tagen möglichst kein Halsband tragen.

Die gesunde Katze

Merkmale einer gesunden Katze Eine gesunde, erwachsene Katze trägt Kopf und Schwanz erhoben und belastet alle Gliedmassen gleichmäßig. Das Fell ist glatt und in der Regel glänzend und die Haare lassen sich gut durchkämmen. Sie zeigt aufmerksames Verhalten, frisst mit Appetit und trinkt normalerweise wenig Wasser.

Körperpflege Bei der täglichen, ausgiebigen Körperpflege beleckt sie alle Stellen des Körpers mit ihrer rauen Zunge und nimmt zum Putzen des Kopfes auch die Vorderpfoten zur Hilfe. Sie sucht regelmäßig die Toilette auf und verscharrt ihren Kot oder Urin.

Schlafen Am liebsten sucht sie sich kuschelige, warme Stellen zum Schlafen und liebt direktes Sonnenlicht zum Aufwärmen. Wenn sie schläft, rollt sie sich meistens ein und zuckt bei intensiven Träumen gelegentlich mit den Pfoten oder dem Schwanz.

Charakter Bei Katzen ist der Charakter stark ausgeprägt, was oft der Grund ist sich die Katze auszusuchen. Es gibt sehr verschmuste, auch aggressive und verspielte Tiere. Ein Teil des Charakters ist sicher auch rassebedingt. Freiläufer werden ihrem Jagdtrieb folgen und werden ab und zu eine Maus nach Hause bringen.

Lebenserwartung

- **Wildkatzen** und verwilderte Hauskatzen erreichen ein Alter von durchschnittlich nur rund 6 Jahren. Dagegen werden reine Hauskatzen zwischen 12-15 Jahren alt.
- **Freiläufer** erreichen ein Alter zwischen 8-10 Jahren. Dies liegt daran, dass die Gefahren durch Straßenverkehr, Krankheitserreger und Gift und nicht zuletzt durch streunende Hunde für eine freilaufende Katze ungleich höher sind als für eine Wohnungskatze.
- **Wohnungskatzen** Bei einer optimal versorgten Hauskatze sind 20 Jahre heute keine Seltenheit mehr. Den ungebrochenen Altersrekordekord hält eine Katzendame, die nachweislich von 1903 bis 1939, also 36 Jahre lang lebte.
- **Rassekatzen** Von den Rassekatzen sind Siamesen und Burmesen die langlebigsten. Demgegenüber haben viele hochgezüchtete Rassekatzen eine deutlich kürzere Lebenserwartung als Mischlingskatzen. Eine große Rolle spielen neben der genetischen Veranlagung Umwelteinflüsse, Haltung, Ernährung und überwundene Krankheiten.
- **Kater** Bei Katern wirkt sich die Kastration als lebensverlängernde Maßnahme aus, unabhängig davon, ob sie Freiläufer oder Wohnungskatzen sind. Im Vergleich zum Menschen verläuft das Leben einer Katze etwa 7-8 mal schneller.

Unsere Katze wird älter

Katzen können bis über 20 Jahre alt werden. Dies ist aber leider eher die Ausnahme als die Regel. Das Altern Ihrer Katze werden Sie gewöhnlich zuerst an den Augen bemerken. Wenn Ihre Katze dem zehnten Lebensjahr entgegensieht, verändern sich die Augen: Sie glänzen weniger. Das Fell ist weniger dicht, weiße Haare treten auf, besonders um das Schnäuzchen herum. Die Katze wird ein wenig dünner, das Köpfchen erscheint etwas eingefallen, ebenso wie der Körper. Das Laufen und Springen wird ihrer Katze schwerer fallen.

Pflege

- **Krallenpflege** Oftmals müssen die Krallen gekürzt werden, weil sich die Katze nicht mehr viel bewegt und sie somit nicht mehr abnutzt.
- **Fellpflege** Da die Beweglichkeit abnimmt und somit das Putzen etwas schwer fällt, sollte sie gebürstet werden, um die abgestoßenen Haare zu entfernen.
- **Ruhe** Die Katze verbringt mehr Zeit mit Dösen und weniger Zeit mit Jagen und Spielen. Am liebsten liegt sie an einem warmen Plätzchen, wo sie ungestört ist. Verwöhnen Sie Ihre Katze und setzten Sie sie bitte nicht unnötigem Stress aus.
- **Alter** Wie alt Ihre Katze tatsächlich wird, hängt von vielen verschiedenen Faktoren ab. Zum größten Teil ist das Alter genetisch festgelegt. Durch eine liebevolle Pflege und ausgewognene und artgerechte Ernährung, sowie eine regelmäßige-Gesundheitsvorsorge kann man jedoch einiges ausgleichen.

Ernährung

Wichtig ist, dass die ältere Katze nicht zu dick wird.

- **Seniorenkost** Bei der älteren Katze sinkt der Energiebedarf, der Bedarf an leichtverdaulichem und qualitativ hochwertigen Protein bleibt erhalten. Dem sollte durch spezielle Seniorenkost Rechnung getragen werden. Dabei sollte man auf Qualitätsmarken achten. Kontrollieren Sie das Gewicht ihrer Katze und beraten sich gegebenenfalls mit ihrem Tierarzt.

Auch sie wird im Alter ruhiger ... Ein gemütliches Plätzchen in der Sonne wird sie dann sicher bevorzugen.

Notfälle und Infektionserkrankungen

› *Nickhautvorfall* *S. 80*

Die kranke Katze

Ihre Katze kann dem Tierarzt nicht erzählen, wo es weh tut. Deshalb müssen Sie für Ihre Katze diese Fragen beantworten können. Dazu ist es wichtig, dass Sie das Verhalten Ihrer Katze beobachten. Kranke Katzen zeigen fast immer verändertes Verhalten: Wenn Sie sich nicht mehr putzt, das Essen verweigert, nicht mehr auf die Toilette will oder kann, das Fell stumpf wird, ausfällt oder sich Schuppen bilden, wenn der Speichelfluss unüblich ist oder sich Verdauungsschwierigkeiten (Verstopfung oder Durchfall) zeigen, so sind dies sichere Zeichen dafür, dass Ihre Katze krank ist. Sie sollten dann möglichst rasch einen Termin mit Ihrem Tierarzt vereinbaren und ihm die Symptome schildern.

Symptome

Nachfolgend sind Verhaltensweisen beschrieben, die auf eine Krankheit hinweisen können:

- **Schmerzen** Bei Schmerzen ist das Allgemeinbefinden gestört, die Katze kann klagen, lässt sich nicht anfassen oder reagiert mitunter aggressiv. Bei starken Schmerzen kann sie sogar hecheln. Ein Hinweis für einen Schmerzpunkt kann das Putzen an ein und derselben Stelle sein.
- **Schwindel** Bei Schwindel hält die Katze den Kopf schief und hat einen schwankenden Gang. Sie dreht sich oftmals in einer Richtung im Kreis. Manchmal fällt sie auch ganz um und kann nicht mehr aufstehen.
- **Übelkeit** Bei Übelkeit leckt sich die Katze häufig über das Mäulchen und möchte nichts mehr fressen, würgt wiederholt und kann auch Futter erbrechen.
- **Nickhautvorfall** Der Vorfall des dritten Augenlides (Nickhautvorfall) kann verschiedene Ursachen haben s. auch S. 80. Dauert der Vorfall länger als einen Tag an oder kommen weitere Störungen dazu, sollte die Katze unbedingt dem Tierarzt vorgestellt werden.
- **Futterverweigerung** Bei Futterverweigerung prüfen Sie, ob die Katze auch ihr Lieblingsfutter oder sonstige Leckereien verschmäht. Wenn sie nach einem Tag immer noch nichts frisst, muss sie zum Tierarzt gebracht werden. Sehr dicke Katzen sind insbesondere bei einer gänzlichen Futterpause gefährdeter als normalgewichtige oder magere Katzen, da sich bei ihnen ein sogenanntes Lipomobilisationssyndrom durch den Abbau der Fettreserven einstellen und zum Tode führen kann.
- **Wasserverweigerung** Bei Wasserverweigerung ist es von Bedeutung, mit welchem Futter die Katze ernährt wird. Erhält die Katze nur Feuchtfutter, ist der Wassergehalt

meist ausreichend im Futter enthalten und die Katze trinkt nicht zusätzlich. Wird sie hauptsächlich mit Trockenfutter ernährt, muss sie den Wasserbedarf durch das Trinken decken. Jede Änderung der gewohnten Trinkumstände sollte Anlass geben, die Katze genauer zu beobachten und sie gegebenenfalls dem Tierarzt vorzustellen.

- **Vermehrte Wasseraufnahme** Wenn man den Eindruck hat, dass die Katze zuviel trinkt, sollte das Wasser mit einem Messbecher abgemessen und so die Trinkmenge kontrolliert werden.
- **Richtwerte** Eine erwachsene Katze benötigt um die 45 ml/kg Körpergewicht pro Tag, d.h., eine 4 kg schwere Katze benötigt ca. 180 ml pro Tag. Dies sind aber nur Anhaltspunkte und bei Feuchtfutter nimmt die Katze bereits einen großen Teil der Wassermenge beim Fressen auf. Ein Überschreiten der normalen Trinkmenge kann ein Anzeichen für eine Nieren- (bei älteren Katzen häufig, s. S.104) oder eine Stoffwechselerkrankung wie der Zuckerkrankheit (Diabetes mellitus, s. S. 112) sein. Bei wesentlicher Erhöhung der Trinkmenge muss die Katze zum Tierarzt.
- **Erbrechen** Dauert das Erbrechen länger als einen Tag und/oder kommt ein gestörtes Allgemeinbefinden dazu, kann es sich um ein Krankheitssymptom handeln. Das Gleiche gilt für Durchfall.

Wann zum Tierarzt?

Antrittsuntersuchung Wenn man sich eine neue Katze ins Haus geholt hat, sollte diese auf jeden Fall einmal vom Tierarzt untersucht werden. Erstens lernt sie so stressfrei (ohne krank zu sein) die Tierarztpraxis kennen und zweitens bekommt sie höchstwahrscheinlich keine Spritze oder ähnliches. Das heißt, sie gewinnt keinen schlechten Eindruck!

Routineuntersuchung Dann sollte die Katze bei der routinemäßig durchgeführten Impfung einmal im Jahr gründlich untersucht werden. Dabei kann sich der Tierarzt ein Bild von der Katze machen und es wird nichts jahrelang „übersehen". Wenn Katzen das 10. Lebensjahr überschritten haben, ist es gut sie zweimal jährlich in der Praxis vorzustellen.

Was gehört zu einer Untersuchung?

Zu einer vollständigen allgemeinen Untersuchung gehört das Abhören des Herzens und der Lunge, das Abtasten des Bauches. Ein Blick in die Ohren, Mundhöhle und Augen und das Temperaturmessen. Auch sollte der Tierarzt sie nach den Fress- und Trinkverhalten der Katze, ebenso wie nach ihrem Kot- und Urinabsatz fragen.

› *Nieren-erkrankungen* S. 104
› *Diabetes mellitus* S. 112

Tierarztbesuch der kranken Katze

Ist die Katze bereits krank, erkennt der Besitzer dies am besten.

› **Wichtig** Im allgemeinen lässt sich sagen, bei allen Symptomen, die sich verschlimmern, oder wo sich das Allgemeinbefinden der Katze zunehmend verschlechtert, sollte man am gleichen Tag, spätestens nach einem Tag zum Tierarzt gehen. Bei Krankheitssymptomen die länger als zwei Tage andauern, sollte man ebenfalls ihn hinzuzuziehen. Lieber sucht man den Tierarzt einmal zu oft auf.

› **Notfälle** Bei Notfällen sollte man immer sofort kommen. Hier noch ein offenes Wort an alle Katzenbesitzer: Tierärzte haben nichts dagegen, wenn man sie mitten in der Nacht um drei wegen einem Notfall herausklingelt, aber wenig Verständnis für den Besitzer, dessen Katze bereits seit Tagen/Wochen an dieser Symptomatik leidet und dann nachts um drei gebracht wird. Erstens ist es der Katze gegenüber nicht fair, die uns ja mehr oder minder hilflos ausgeliefert ist und zweitens dem Tierarzt gegenüber nicht, der auch ein Recht auf seine nächtliche Erholung hat.

Checkliste für Notfälle

Folgende Krankheitssymptome weisen auf einen Notfall hin, bei dem der Tierarzt sofort konsultiert werden sollte.

- ○ plötzlich auftretende Schmerzen
- ○ Atemnot
- ○ Vergiftungen
- ○ Blutungen
- ○ Schwere Verletzungen
- ○ Blut im Urin
- ○ Verbrennungen
- ○ Verschluckte Gegenstände
- ○ Unstillbares Erbrechen und/oder Durchfall
- ○ Geburtsstörungen
- ○ Erfolgloser Versuch Kot oder Urin abzusetzen
- ○ Bewusstlosigkeit
- ○ Gleichgewichtsstörungen
- ○ Epileptischer Anfall der länger als fünf Minuten andauert oder wenn sich die Anfälle ständig wiederholen.

Die Pflege einer kranken Katze

Wie muss man mit einer kranken Katze umgehen, um ihr zu helfen? Das ist sehr viel leichter gesagt als getan. Auf jeden Fall ist es wichtig, Ruhe zu bewahren und Ruhe auszustrahlen, damit Sie nicht gebissen oder gekratzt werden. Damit ist weder Ihnen noch Ihrer Katze geholfen. Ihre Nervosität wird sich auch auf das Tier übertragen.

Medikamenteneingabe

Leider bereitet das Eingeben von Tabletten bei den meisten Katzen große Probleme.

- **Verabreichung über das Futter** Die Tablette über das Futter zu verabreichen, ist nur selten von Erfolg gekrönt, da die Katze meist den Zusatz der Tablette bemerkt und drum herum frisst oder das Futter gänzlich verweigert. Es kann hilfreich sein, die Katze etwas hungern zu lassen und ihr dann die Tablette in einem Leckerbissen versteckt anzubieten.
- **Tabletten eingeben** Wenn die Verabreichung über das Futter nicht klappt, muss man zu Zwangsmaßnahmen greifen, indem man versucht, der Katze direkt die Tablette tief in den Mund einzugeben. Dazu platziert man als Rechtshänder die Katze links von sich und fixiert den Kopf von hinten mit Daumen und Mittelfinger an den Schläfen oder im Bereich der Kiefergelenke. Mit dem linken Zeigefinger zieht man die Oberlippe an der Nase nach hinten, so dass die Nase senkrecht nach oben weist. Oftmals öffnen die Katzen dabei schon etwas das Mäulchen.
In der rechten Hand hält man die Tablette zwischen Daumen und Zeigefinger und versucht, mit dem Mittelfinger die Unterlippe bzw. den Unterkiefer zu öffnen.

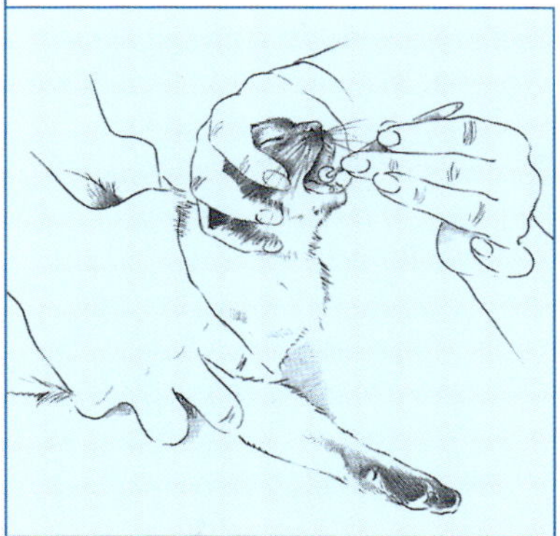

Die Medikamenteneingabe erfordert ein wenig Geschick und einen Helfer, der die zappelnde Katze festhalten kann.

Nun kann man tief in den Rachen sehen, wobei der Gaumen senkrecht nach oben gerichtet ist. Die zwischen den Fingern gehaltene Tablette wird so platziert und dann fallen gelassen, dass sie möglichst in der Tiefe des Rachens landet. Manchmal muss man die Tablette schnell mit dem Finger oder dem stumpfen Ende eines Bleistifts nach hinten schieben.

Durch ein ausgelassenes Spiel wird das Kätzchen abgelenkt und lässt es vergessen, dass im Fell noch Salbe ist.

- **Wichtig** ist, dass der Finger immer in der Mitte des Mäulchens bleibt, damit er nicht zwischen die Zähne gerät und man sich so eine schmerzhafte Bissverletzung zuzieht.
Dann schließt man gleich den Kiefer, massiert den Kehlgang mehrmals nach unten und senkt den Kopf wieder, sonst tut sich die Katze schwer mit dem Schlucken. Die Tablette ist geschluckt, wenn die Katze die Zunge herausstreckt und sich mehrmals die Nase ableckt. Wichtig ist, das die Katze danach ausreichend Wasser trinkt, da sonst die Tablette zu lange in der Speiseröhre verweilt. Wenn sie nichts trinken mag, zieht man Wasser in einer Spritze (ohne Nadel) auf und spritzt ihr dies ins Maul.
Inzwischen sind sogenannte Tabletteneingeber beim Tierarzt erhältlich, jedoch auch mit diesem Gerät bedarf es einiger Übung, aber vielleicht erleichtert es Ihnen die Tabletteneingabe.
- **Schutzmaßnahmen** Es gibt Leinen- oder Jutesäckchen ähnlich eines Schuhbeutels für Zwangsmaßnahmen bei Katzen. In diesen Beutel steckt man die Katze, lässt nur den Kopf herausschauen und zieht die Öffnung zu. Keine Angst, die Katze wird nicht ersticken.
Dann wird die Tablette nach oben beschriebenem Schema eingegeben ohne dass man durch scharfe Krallenhiebe gefährdet ist.

Fieber messen

Beim Fieber messen wird die Spitze des Fieberthermometers vorsichtig rektal eingeführt. Auch hier ist ein Helfer von Nöten, denn der Kampf ist gewöhnlich groß, und meistens sind Sie der Verlierer. Wenn nichts mehr geht, wenden Sie sich bitte an Ihren Tierarzt, er hat Erfahrung im Umgang mit Katzen.

Salben

Denken Sie bei der Anwendung von Salben oder ähnlichem an den ausgeprägten Putztrieb der Katze.

- **Ablecken vermeiden** Beruhigen Sie Ihren Liebling zunächst, und lenken Sie ihn für wenigstens 15 bis 30 Minuten durch Spielen, Streicheln usw. ab, damit ein sofortiges Abschlecken des Medikamentes verhindert wird. Es soll ja schließlich auf der Haut bleiben und nicht im Magen landen.

HELLO KITTY
© 1976, 2010 SANRIO CO., LTD.

Checkliste für die Hausapotheke

Die nachfolgende Liste enthält alle Verbandsmaterialien, Medikamente und Gegenstände, die Sie in ihrer Apotheke vorrätig haben sollten:

- ◯ Zeckenzange
- ◯ Fieberthermometer (am besten aus Kunststoff mit Digitalanzeige)
- ◯ Sterile physiologische Kochsalzlösung
- ◯ Pinzette und Verbandschere
- ◯ Kleine Taschenlampe
- ◯ Spitzes Einmal-Skalpell
- ◯ Nichthaftende Wundgaze (z.B. Adaptic®) oder Vaseline und Mullbinden
- ◯ Wärmflasche oder netzunabhängiges Wärmekissen
- ◯ Je 5 selbsthaftende, elastische Binden mit 2,5 oder 5 cm Breite (z.B. Peha-Haft®) und Verbandswatte
- ◯ Wunddesinfektionsmittel (Mercurochrom, oder Betaisodona)
- ◯ Leukoplast oder Baumwollklebeband
- ◯ Stieltupfer oder Wattestäbchen und Mulltupfer
- ◯ Spritzen mit 10 und 20 Milliliter Volumen
- ◯ Rettungsdecke (Goldfolie) oder haushaltsübliche Alufolie
- ◯ Wird die Katze mit in den Urlaub genommen, sollte diese Apotheke natürlich dabei sein! Zusätzlich sollte sie dann u.a. auch Reise- und Durchfalltabletten enthalten. Besprechen Sie die genaue Zusammensetzung vor Reiseantritt mit ihrem Tierarzt.

Aufbewahrung der Hausapotheke

› **Aufbewahrung** Am besten Sie bewahren sie in einem Behälter auf und versehen diesen mit der Telefonnummer des Tierarztes und des tierärztlichen Notrufs. Gut eignet sich z.B. ein Kunststoff-Werkzeugkasten zur Aufbewahrung.

Kratzschutz

Bei Verletzungen im Augen- und Kopfbereich oder zum Schutz gegen Selbstverwundung (z. B. zu heftiges Kratzen bei Juckreiz oder ähnlichem) können Sie sich von Ihrem Tierarzt einen Halskragen geben lassen, welcher wirkungsvoll das Kratzen verhindert. Sie werden sicher nicht Ihre Tage damit zubringen wollen, Ihre Katze am Kratzen zu hindern, bis sie wieder völlig gesund ist.

Meist sind die Samtpfoten vorzügliche Kletterer. Doch allzu wagemutige Kletterpartien können schon mal zu einem Sturz führen.

Gefahrensituationen und Unfälle

Für eine Katze gibt es vieles zu entdecken, und wir Menschen haben in diesem Punkt nicht so viel Fantasie wie unser Kätzchen. Allein, wo man sich überall verstecken kann, können wir uns gar nicht vorstellen. Da gibt es Spülmaschinen, Waschmaschinen, Wäschetrockner, Mikrowellengeräte, offene Kamine, Schubladen, Schränke, glatte Fensterbänke und unzählige andere, ganz gewiss nicht ungefährliche Orte in der Wohnung.
Deshalb dürfen Sie nie Türen unaufmerksam schließen, Ihre Katze könnte gerade den Kopf dazwischen haben. Der Toilettendeckel sollte stets geschlossen sein, das Kätzchen könnte auf der Brille ausrutschen und ertrinken. Bevor man die Waschmaschine oder den Trockner in Gang setzt, sollte man sich vergewissern, dass die Katze sich hier nicht ein stilles Plätzchen gesucht hat. Das gleiche gilt beim Schließen der Kühlschranktür, auch hier kann eine neugierige Katze eingesperrt werden.
Ein unverschlossener Abfalleimer ist für unsere kleinen Freunde ein Selbstbedienungsladen. Scharfe Gegenstände, Knochen und Gräten sind kein Spielzeug und schon gar nichts zum Fressen!

Tödliche Falle Kippfenster

Wenn es Frühling oder Sommer wird, versuchen viele Katze ins Freie zu kommen. Dazu nutzen sie jede sich bietende Gelegenheit: Eine offene Tür, ein geöffnetes und leider auch ein gekipptes Fenster.

- **Ursache** Wenn ein gekipptes Fenster die einzige Möglichkeit darstellt, können sie versuchen, sich durch diesen Spalt zu zwängen. Dabei bleiben sie meist mit ihrem Becken und den Hintergliedmaßen hängen. In ihrer Panik, sich nicht mehr befreien zu können, zwängen sie sich nur noch mehr ein.
- **Symptome** Dadurch kommt es zu einer Abschnürung der Blutversorgung im Unterbauch und Beckenbereich und dies kann zum Absterben der abgeklemmten Körperpartien führen. Die Katzen bleiben meist mehrere Stunden eingeklemmt, bis sie von ihrem Besitzer gefunden werden. Die Quetschungen des Rückenmarks können zu einer Querschnittslähmung führen. Wenn die Katze endlich gefunden wird, sind ihre Hintergliedmaßen meist kalt und schlaff. Dies muss jedoch noch nicht eine Lähmung zur Folge haben.
- **Behandlung** Wichtig ist hier der Zeitfaktor, deshalb schnellstens zum Tierarzt.
- **Achtung** Immer beim Verlassen der Wohnung den Zugang zu gekippten Fenstern versperren!

Stürze

- **Ursache** Leicht kann es zu Stürzen kommen, wenn die Katze vom offenen Fenster oder Balkon aus auf Vogeljagd geht.
- **Symptome** Schmerzen, Lahmheit, Bewegungsunlust können als Symptome genannt werden. Bei diesen Stürzen besteht immer die Gefahr von inneren Verletzungen, die man auf den ersten Blick nicht erkennen kann.
- **Behandlung** Sollte es dennoch einmal passieren, gehen Sie bitte auf dem allerschnellsten Weg zu Ihrem Tierarzt, damit er die Schwere der Verletzungen beurteilen kann und unter Umständen auch eine Röntgenaufnahme macht. So kann er unter Umständen die inneren Verletzungen rechtzeitig erkennen und ihr entsprechend helfen.
- **Achtung** Es wird gerne behauptet, dass Katzen derartige »Flugversuche« gefahrlos bis zu einer Höhe von vier Stockwerken überstehen könnten. Das trifft jedoch nur zu, wenn ihr Landeplatz besonders weich und günstig liegt. Gerade Katzenwelpen können Höhen und Tiefen nicht richtig einschätzen. Sie sind auch erst im Alter von 4–5 Wochen in der Lage, ihren Körper im freien Fall so zu drehen, dass sie auf den Pfoten landen. Sichern Sie daher offene Fenster und Balkone mit den im Zoofachhandel erhältlichen Gittern oder Netzen!

Auch wenn mit Wolle spielende Katzen überaus niedlich anzusehen sind, sollten Sie auf geeigneteres Spielzeug umsteigen.

Zum Schlucken ungeeignet

Kleine Gegenstände wie Gummibänder, Schnüre und Nähgarn sollten nicht frei in der Wohnung herumliegen.

- **Ursache** Wenn Katzen mit dem Garn oder einer Schnur spielen, kann es sein, dass das Garn dabei zu tief in den Rachen gelangt.
- **Folgen** Dann können sich die Katzen wegen der, auf ihrer Zunge sitzenden, feinen Widerhäkchen nicht mehr selbst davon befreien und versuchen, das Garn abzuschlucken. Wickelt es sich dabei um die Zunge und bleibt dort hängen, wird das andere Ende im Darm weiterbefördert, bis die zunehmende Anspannung des Garns einen Weitertransport verhindert. Der Darm versucht dennoch den Transport und fädelt sich girlandenartig auf. Dadurch wird die Darmwand aufgescheuert, reißt an mehreren Stellen ein und entlässt den Darminhalt in die Bauchhöhle, was in Kürze zum Tod führt.
- **Vorsicht** Keinesfalls darf an solch einem Faden gezogen werden, selbst wenn er aus dem After herausragen sollte. Bitte gehen Sie sofort zum Tierarzt!

Vorsicht, Pfote!

- **Türen** sollte man immer vorsichtig hinter sich schließen, damit nicht aus Versehen eine kleine Katzenpfote eingeklemmt wird.
- **Glasscherben** müssen immer sofort und sehr sorgfältig entfernt werden. Katzen laufen schließlich immer barfuß und eine Ballenverletzung ist schmerzhaft.
  Beim Verlassen der Wohnung sollte man immer kontrollieren, wo die Katzen sind, damit sie nicht versehentlich eingesperrt werden. Das gleiche gilt für die Garage: Beim Rausfahren muss man sich immer vergewissern, dass die Katze nicht in Gefahr läuft, überfahren zu werden.

Gefahren, die im Freien lauern

- **Straßenverkehr** Katzen mit Freigang sollten in stark befahrenen Gegenden die Nächte zu Hause verbringen, selbst wenn sie tagsüber mit dem Straßenverkehr gut zurechtkommen. Denn nachts sind die Katzen von den Autoscheinwerfern oft geblendet, so dass sie einfach stehen bleiben und somit überfahren werden.
- **Halsband** Sofern sie ein Halsband trägt, sollte dieses elastisch sein, damit es von der Katze abgestreift werden kann, wenn sie damit hängen bleibt.

Checkliste der Gefahrenquellen

- ○ Kippfenster
- ○ Balkon und offene Fenster
- ○ Treppen
- ○ Schnüre und verschluckbare Gegenstände
- ○ Schwere herabfallende Gegenstände
- ○ Telefonkabel und Stromleitungen
- ○ Giftpflanzen
- ○ Haushaltsgifte
- ○ Waschmaschine, Trockner, Kühlschrank
- ○ Schwimmbäder
- ○ Medikamente
- ○ Elektroherd mit heißen Kochplatten
- ○ zuschlagende Türen
- ○ Straßenverkehr

Auf einen Blick

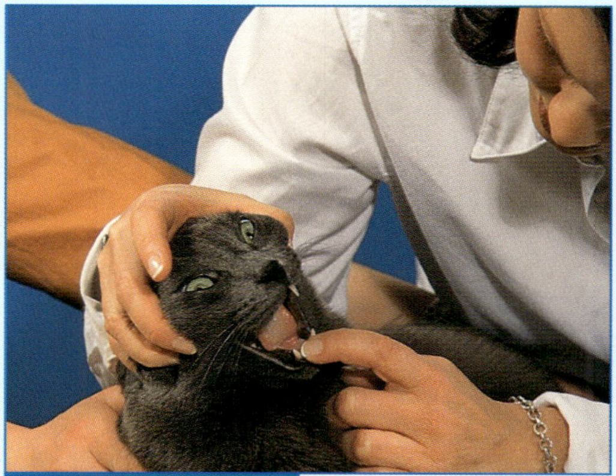

Atmung sicherstellen

Wichtig nach einem Unfall ist, dass die Atemwege freigehalten werden. Durch Herausziehen der Zunge wird ein Ersticken verhindert. Bei nach hinten überstrecktem Kopf wird die Mundhöhle und der Rachen von Erbrochenem, Blutgerinnseln oder blockierenden Fremdkörpern befreit. Wenn ein eingekeilter Gegenstand (Geflügelknochen o.ä.) zu sehen ist, kann versucht werden, diesen mit einer Pinzette herauszuziehen. Man kann auch versuchen, die Katze kopfüber zu halten und sie kräftig zu schütteln.

Beatmung

Setzt die Atmung aus – normal sind 20 bis 30 Atemzüge pro Minute –, so muss man mit der künstlichen Beatmung beginnen. Dazu schließt man das Maul der Katze und bläst durch die Nasenlöcher die eigene Ausatmungsluft in die Lunge der Katze. Aus hygienischen Gründen empfiehlt es sich, dabei ein Taschentuch auf die Nase der Katze zu legen. Diese Mund- zu Nasenbeatmung ist ca. alle zwei bis drei Sekunden zu wiederholen. Dabei sollte sich der Brustkorb aufblähen.

Normalwerte bei gesunden Katzen

- **Herzfrequenz**
  110–130 Schläge pro Minute
- **Atemfrequenz**
  20–30 Atemzüge pro Minute
- **Pulsfrequenz**
  100–120 Pulsschläge pro Minute
- **Körpertemperatur**
  38,5° C mit einer Abweichung von 0,5° C nach oben und nach unten

› Erste Hilfe

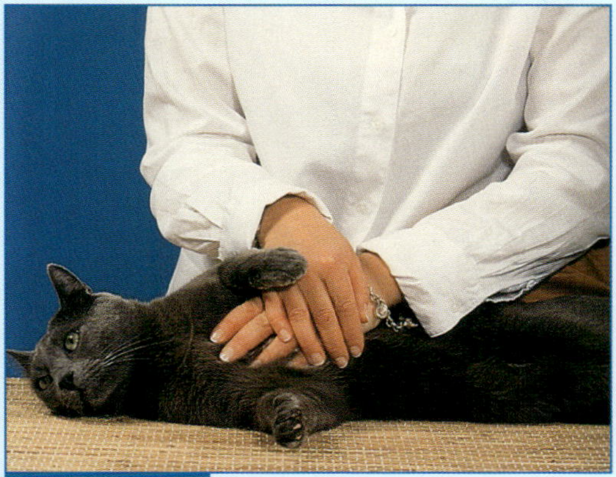

Herzstillstand

Deutlich fühlbar ist der Herzschlag an der linken Brustwand hinter dem Ellenbogengelenk. Dazu wird die Hand ganz flach an die seitliche Brustwand gelegt und der Herzspitzenstoß gefühlt. Fühlt man nichts, wird eine äußerliche Herzdruckmassage angewandt. Dazu muss die Katze in Rechtsseitenlage gebracht werden. Das Herz befindet sich im vorderen Drittel des Brustkorbes zwischen dem 3. und 6. Zwischenrippenraum. Die linke Hand wird beim Rechtshänder flach aufgelegt und mit dem rechten Handballen in kurzen, scharfen Schlägen mit etwa 40–80x pro Minute 10–15 Mal auf den linken Handrücken geklopft. Der Druck muss kurz und kräftig sein. Dann wird eine Pause eingelegt, die Katze 2x beatmet und die Herzdruckmassage fortgeführt. Nach dem Einsetzen einer fühlbaren Herztätigkeit darf die Herzmassage nicht fortgesetzt werden. Stellt sich nach fünf Minuten korrekt ausgeführter Beatmung und Herzmassage immer noch kein Herzschlag oder ein deutlich fühlbarer Puls ein, muss man davon ausgehen, dass die Katze leider tot ist.

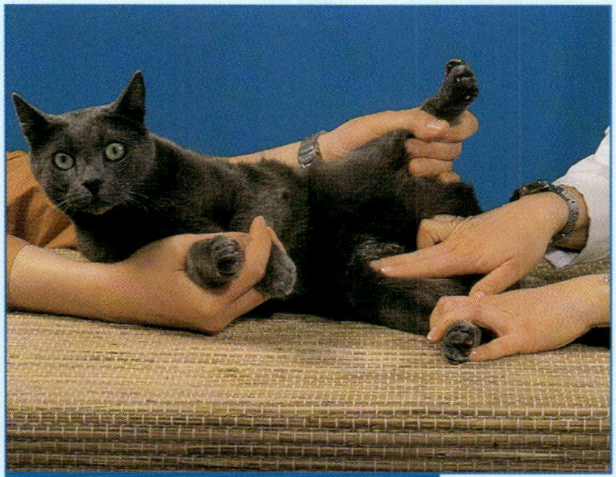

Zur Überwachung des Kreislaufs

Zur Überwachung des Kreislaufs fühlt man am besten den Puls an der Innenseite des Oberschenkels. Dazu legt man die rechte Hand mit leichtem Druck auf die Innenfläche des rechten Hinterbeines und fühlt den Puls mit den Fingerkuppen von Zeige- und Mittelfinger. Die normale Frequenz beträgt 100–120 Schläge pro Minute. Ist der Puls sehr schwach und nicht eindeutig zu fühlen, so kann man den Herzspitzenstoß am Brustkorb kontrollieren.

Verletzungen

Verletzungen (Brüche, Schnitt- und Bisswunden) werden Sie leicht erkennen. Bei offenen Wunden sollte bald nach dem Unfall eine Wundreinigung erfolgen.

› **Sofortmaßnahmen** Dazu schneidet man die Haare um die Wunde und im Wundbereich ab, so dass es nicht zu Verklebungen von Haaren mit der Wunde kommen kann. Dann wird die Wunde am besten mit steriler Kochsalzlösung oder notfalls mit klarem Wasser gereinigt. Ist die Wunde stark verschmutzt, sollte sie zuerst ausgiebig mit lauwarmen Wasser abgeduscht werden. Lose Hautfetzen sind bereits abgestorben und können einfach mit einer Schere abgeschnitten werden.
Wenn die chirurgische Wundversorgung in Kürze durch einen Tierarzt erfolgen kann, ist eine Desinfektion nicht unbedingt erforderlich. Größere Wunden oder offenliegende Organe werden bis zur Weiterbehandlung durch den Tierarzt nur mit sauberen, feuchten Tüchern abgedeckt. Die Katze muss daran gehindert werden, sich selbst durch das Kratzen oder Benagen an der Wunde zu verletzen. Deshalb ist das Anlegen eines Schutzverbandes, der die Wunde nicht nur vor Selbstverstümmelung sondern auch vor Austrocknung schützt, sehr zu empfehlen.

› *Blutblase am Ohr S. 72*

Prellungen

› **Ursache** Bei einem weniger schlimmeren Zusammenstoß mit einem Auto oder vielleicht auch mit einem Hund sind schmerzhafte Prellungen mit oder ohne Bluterguss möglich. Auch wenn Sie äußerlich keine Verletzungen feststellen können, besteht die Gefahr innerer Verletzungen sowie eines Schocks, der zum Zusammenbruch des Kreislaufs führen kann. Daher sollten Sie auf dem schnellsten Weg zu Ihrem Tierarzt oder dem tierärztlichen Notdienst gehen.
Intensives Kratzen an den Ohren, verursacht durch Milbenbefall oder Ohrenschmerzen, kann auch Blutergüsse (s. Blutblase am Ohr, (Othämatom) S. 72) hervorrufen. In diesem Fall muss die Ursache behandelt werden. Aber auch mangelnde Blutgerinnung, bedingt durch eine erbliche Schwäche, oder auch Rattengifte können Blutergüsse verursachen.

› **Symptome** Erkennen können Sie Blutergüsse an der Schwellung bei gleichzeitiger Hautverfärbung. Bei Vergiftungen können sich diese Verfärbungen ohne einhergehende Schwellung gleichmäßig über die Pfoten verteilt zeigen.

› **Behandlung** Sofern keine weiteren Verletzungen vorliegen, haben sich bei Blutergüssen Umschläge mit Essigwasser bewährt. Ansonsten bitte möglichst bald zum Tierarzt.

Ein Fall aus Dr. Wolfs Tiersprechstunde

> Verletzte Katze

Der Fall

Leider kann Frau Gentner mit ihrem Kater Salomon aufgrund ihrer Gehbehinderung nicht zu mir in die Praxis kommen. Deshalb mache ich heute einen Hausbesuch bei ihr. Salomon, so erzählt mir Frau Gentner, sei gestern lahmend von seinem täglichen Ausflug zurückgekehrt.

Die Untersuchung

Gemeinsam mit Frau Gentners anwesendem Enkel Jakob versuchen wir, den scheuen Kater mit allen Tricks und Raffinessen zu locken und einzufangen. Immer wieder werden wir Tierärzte mit dieser Schwierigkeit konfrontiert, unsere kleinen Patienten erst mal auf den Behandlungstisch zu bekommen. Nach unserer erfolgreichen Lock-Aktion sitzt Salomon nun brav auf dem Tisch. Sein schönes, gepflegtes Katzenfell ist blutverschmiert und am rechten Hinterlauf kann ich das Fehlen einer Kralle feststellen. Während der Untersuchung an Hinterlauf und Hüfte miaut der Kater vor Schmerzen.

Die Diagnose

Das Kätzchen weist mehrere Prellungen und eine ausgerissene Kralle am rechten Hinterlauf auf. Vermutlich wurde Salomon von einem Auto angefahren.

Die Behandlung

Kater Salomon bekommt – unter großer Gegenwehr – eine Spritze gegen die Schmerzen und zur Hemmung der Entzündung verabreicht und einen Verband anlegt.

Die Ursache

Katzen wird bei der gefährlichen Begegnung mit fahrenden Autos sehr häufig durch den Kontakt mit dem rollenden Autoreifen eine Kralle ausgerissen.

Die Genesung

Falls Kater Salomon weiterhin lahmt, muss er erneut untersucht werden und dann sollten wir ein Röntgenbild machen.

Mein Rat

Katzen, die die Möglichkeit haben, nach draußen zu gehen sind natürlich wesentlich glücklicher als reine Wohnungskatzen. Aber leider ist die Gefahr sehr groß, dass unser Kätzchen durch einen Autounfall verletzt wird oder wir es gar im Straßenverkehr verlieren. Bei einem Autounfall kann sich unsere Katze auch äußerlich nicht sichtbare Verletzungen an inneren Organen zuziehen. Am besten beobachtet man sein Tierchen die folgenden sieben Tage ganz genau. Besonderes Augenmerk sollte man auf das Absetzen von Urin, Fressverhalten, eventuelles Erbrechen und auf eine normale Atmung legen.

Auf einen Blick

Wunde reinigen

Bevor Sie mit dem Verband anlegen beginnen, sollten Sie sich das Verbandsmaterial griffbereit zurecht legen. Zuerst sollte immer eine Wundvorbereitung erfolgen. Schneiden Sie die verklebten Haare um die Wunde herum ab. Reinigen sie die Wunde mit Kochsalzlösung oder gegebenenfalls Wasser. Entfernen Sie lose Hautfetzen und desinfizieren die Wunde.

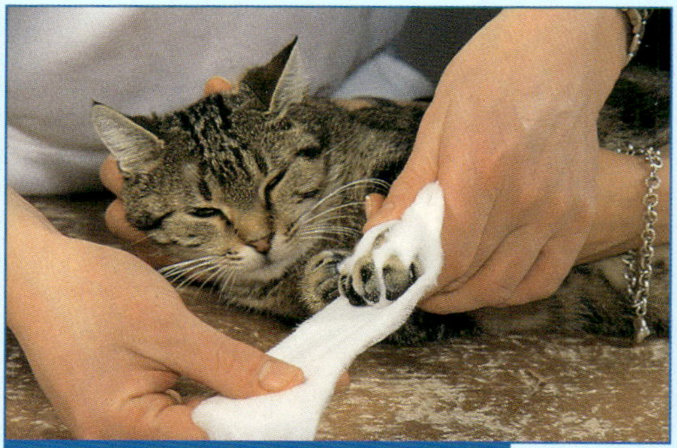

Zehenzwischenräume auspolstern

Pfoten- und Gliedmaßenverbände beginnt man am besten immer mit der Auspolsterung der Zwischenzehenbereiche mit dünnen Wattestreifen, um Staunässe und damit schmerzhafte Entzündungen zu verhindern.

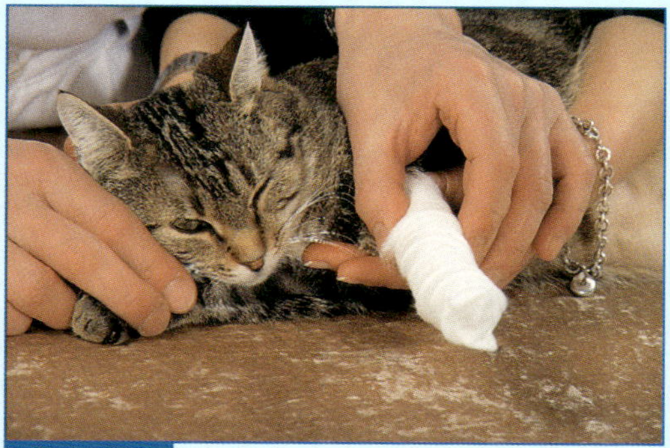

Verbinden

Um das Wattepolster wird eine elastische Binde gewickelt. Der Verband muss immer von unten nach oben angelegt werden, damit es zu keiner Einschnürung und Anschwellung der Pfote kommt. Der Verband weit über das betroffene Gelenk hinaus angelegt werden.

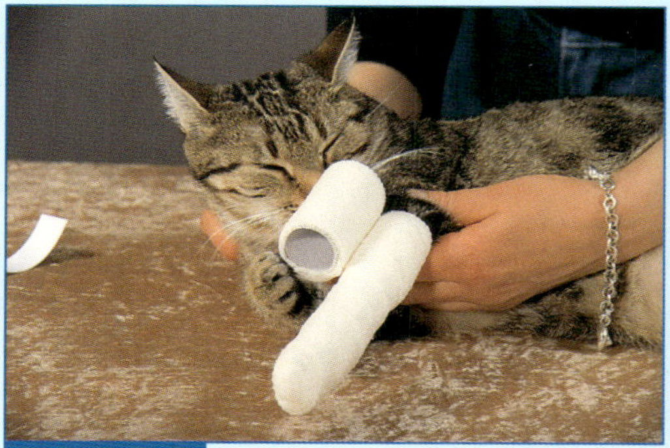

Stabilisieren

Anschließend kann das Ganze mit einer selbstklebenden Binde oder Klebeband zusätzlich stabilisiert werden.

› Verbände anlegen

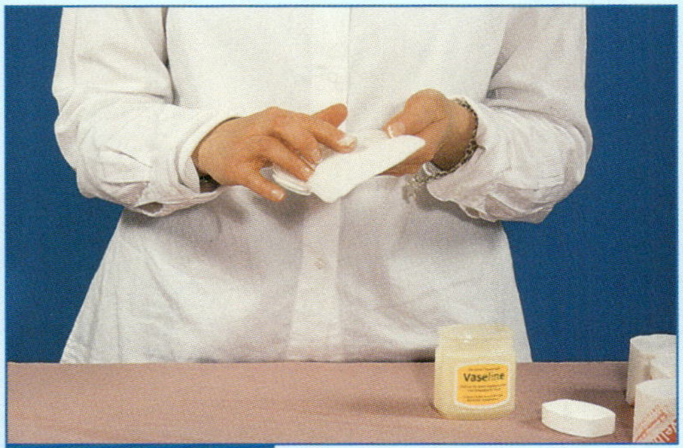

Wunde abdecken

Dann wird die Wunde mit einer nichthaftenden Wundgaze (z.B. Adaptic®) oder einer mit Vaseline bestrichenen Mullbinde abgedeckt.

Watteschicht anlegen

Anschließend folgt die gleichmäßig gewickelte Watteschicht, um das Bein abzupolstern und Einschnürungen zu verhindern.

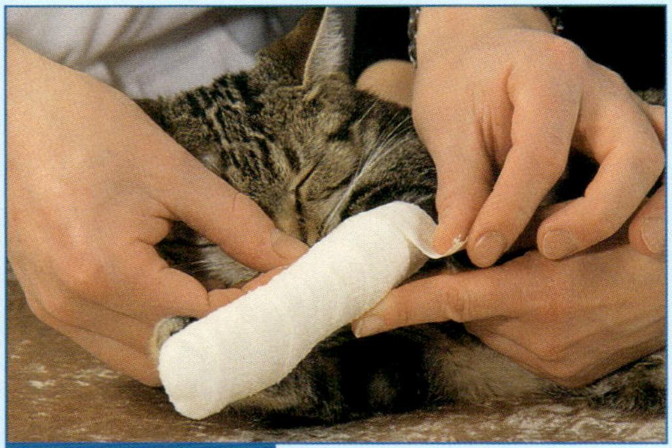

Verbandswechsel

Der Verband darf nicht nass werden und muss je nach Menge des gebildeten Wundsekrets täglich oder in längeren Abständen gewechselt werden. Fängt er stark an zu stinken oder versucht die Katze durch Nagen oder Kratzen den Verband abzustreifen, so stimmt etwas nicht und man sollte kontrollieren, wie es darunter aussieht.

Verbandsmaterial auf einen Blick:

- Nichthaftende Wundgaze (z.B. Adaptic®) oder Vaseline und Mullbinde
- Selbsthaftende Binden mit 2,5 oder 5cm Breite (z.B. Peha-Haft®) (sie sollten ca. 5 Stück haben)
- Verbandswatte
- Leukoplast oder Baumwollklebeband

Robert-Jones-Verband

Ein besonderer Verband zur möglichst schmerzfreien Schienung von Knochenbrüchen an den Gliedmaßen und zur schonenden Abdeckung von großflächigen Wunden ist der sogenannte „Robert-Jones-Verband". Sein Charakteristikum ist, dass die Polsterung etwa 3–4 Mal so stark ist, wie der Durchmesser der Gliedmaße selbst. Durch straffe Führung der elastischen Binden wird der innen lockere Verband äußerlich sehr kräftig und fest.

Brüche Ein offener Bruch muss sofort behandelt werden, da die Gefahr einer Knochenmarksinfektion sehr groß ist. Ein komplizierter Bruch muss selbstverständlich chirurgisch versorgt werden. Mit einem gebrochenen Rückgrat wird es Ihr Kätzchen wohl nicht mehr nach Hause schaffen, und auch der Tierarzt wird nicht mehr helfen können. Die Diagnose sollten Sie aber dem Tierarzt überlassen.

Verbrennungen und Verbrühungen

Ursache Verbrennungen entstehen durch trockene Hitze, z. B. durch Feuer oder heiße Oberflächen. Verbrühungen entstehen durch heiße Flüssigkeiten oder Dampf. Die Auswirkungen und ihre Behandlungen sind jedoch gleich.

Vorsicht Meistens wird beides bei der Katze unterschätzt. Zum einen, weil sie wesentlich höhere Temperaturen als der Mensch vertragen ohne Unbehagen zu zeigen, zum anderen, weil sich auf der Katzenhaut nur selten Blasen bilden. Dennoch sollte jede Katze mit einer Verbrennung oder Verbrühung, es sei denn, sie ist als absolut geringfügig anzusehen, zum Tierarzt gebracht werden. Die Katze sollte in den folgenden Tagen genau beobachtet werden. Dies gilt vor allem bei Verbrennungen oder Verbrühungen deren Ausmaß zwei Zentimeter überschreitet oder bei denen die Augen oder das Maul betroffen sind.

Symptome Wegen des dichten Fells ist das Ausmaß der Verbrennung oder Verbrühung meist nicht erkennbar. Beides ist im allgemeinen sehr schmerzhaft für die Katze. Die Zerstörung der Haut kann zum Schock und zur Austrocknung führen. Da die Haut jetzt ihren Schutzmantel verloren hat, kann sie Bakterien nicht mehr abwehren, deshalb können leicht Infektionen auftreten. Durch die abgestorbene Haut können Gifte (Endotoxine) in den Körperkreislauf abgeschwemmt werden, was zum Schock führen kann. Dieser Endotoxinschock tritt meist nicht in den ersten Tagen auf, sondern ist eine Spätfolge. Die abgestorbene Haut muss vom Tierarzt chirurgisch entfernt werden. Auch aus diesem Grund ist es wichtig die Katze im

Dr. Wolfs Praxis-Tipp

Verbrennungsgefahr

Lassen Sie bei einem Elektroherd stets einen Topf auf der noch heißen Platte! Ihre Katze kann nicht sehen, dass die Platte heiß ist, wenn Sie mit einem eleganten Schwung auf den Herd springt. Sie kann sich ihre Pfoten schrecklich verbrennen.
Vorsicht ist auch bei allen offenen Flammen geboten (Gasherde, Kerze usw.). Auch Badewannen mit heißem Wasser sind eine Gefahrenquelle, die bedacht werden sollte!

Heizkörper

Bei der Katze werden Verbrennungen durch Heizkörper häufig unterschätzt. Katzen vertragen im Vergleich zum Menschen wesentlich höhere Temperaturen ohne Unbehagen zu zeigen. Sie suchen die Wärme und bleiben manchmal zu lange am Heizkörper oder klemmen sich sogar darunter ein. Dabei muss die Heizkörpertemperatur nur etwas mehr als 42° C betragen, was bei einer kurzen Berührung noch als angenehm empfunden wird. Katzen mit langem Fell (z.B. Perser) sind mehr gefährdet als andere, da durch die dicke Haarschicht eine Hitzedämmung erfolgt und schließlich, wenn es der Katze zu warm wird, eine schnelle Hitzeabfuhr nicht erfolgen kann und die Haut verbrennt.

Zweifelsfall dem Tierarzt vorzustellen, damit er die entsprechenden Maßnahmen ergreifen kann.

› **Sofortmaßnahmen** Die betroffene Körperstelle sofort kühlen. Dazu kann man die Katze in ein Wasserbecken setzten, die Stelle besprühen oder feuchte, kalte Tücher drauflegen. Die Tücher müssen jedoch immer wieder ersetzt werden und es darf nicht gerieben werden. Diese Behandlung sollte für 15 Minuten durchgeführt werden.

› **Vorsicht** Bitte keine Salben, Mehl, Butter o.ä. auf die betroffenen Stellen auftragen. Das führt nur dazu, das die Hitze besser im Körper gehalten wird. Außerdem empfinden Katzen dies meist als unangenehm und schlecken es ab. Dadurch entstehen weitere Schmerzen und die Haut wird zusätzlich geschädigt. Keine mit dem Fell verklebte Fremdstoffe ablösen oder den Schorf entfernen. Das ist Sache des Tierarztes.

Hitzschlag

Ursache Dieses Problem stellt sich immer dann, wenn sich die Katze unmittelbarer Sonneneinstrahlung oder auch großer Hitze nicht entziehen kann. Häufigste Ursache hierfür ist heute leider noch immer, dass die Katze im Auto eingesperrt ist.

Symptome sind Hecheln, Speicheln, Erbrechen und Durchfall. Die Schleimhäute sind zuerst intensiv rot gefärbt, später bläulich. Durch die hohe Körpertemperatur kommt es zur Gerinnung von körpereigenem Eiweiß, zu Schock, erhöhter Blutgerinnungsbereitschaft, Nierenversagen und schließlich zum Tod. Da die Katze nur in sehr beschränktem Umfang schwitzen kann, besteht akute Lebensgefahr.
Besonders stark betroffen sind langhaarige Katzenrassen, wie z. B. Perserkatzen sowie sehr junge, sehr alte und auch sehr dicke Katzen.

Sofortmaßnahme Bringen Sie die Katze unverzüglich in kühlere Umgebung und bereiten ihr möglichst keinen Stress. Zusätzlich kann versucht werden, die Gliedmaßen mit lauwarmen Wasser abzuduschen. Das Auflegen feuchter Tücher ist nicht zu empfehlen, da sie die Wärmeabfuhr behindern. Sie sollten ihr reichlich Wasser anbieten und rasch zur Schocktherapie zum Tierarzt bringen. In schlimmen Fällen wird der Tierarzt eine Schock- und Kreislauftherapie durchführen müssen.

Unterkühlung

Ursache Als Folge eines längeren Aufenthaltes im Schnee oder auch bei Regen kann es zu einer Unterkühlung kommen.

Symptome hierfür sind Blässe, kalte Pfoten und reduzierte Körpertemperatur (unter 37,0°). Ganz besonders gefährdet bei Unterkühlung sind geschwächte und kranke Tiere. In der Folgezeit beobachten Sie Ihre Katze besonders gut; Lungen- und Darmerkrankungen könnten die Folge sein.

Zu ausgedehnte Streifzüge bei kaltem Winterwetter können zur Unterkühlung führen...

Sofortmaßnahmen Zunächst muss die Katze getrocknet, gut abgerubbelt und vor Zugluft geschützt werden. Toleriert die Katze es, kann sie auch trocken geföhnt werden. Dann wird sie in einen warmen Raum, am besten in die Nähe der Heizung gebracht. Zusätzlich kann man eine, in ein Handtuch gewickelte Wärmflasche neben das Tier legen. Die Wärmflasche darf aber nur körperwarm sein, weil es sonst zu Verbrennungen kommt. Warme Milch (Katzenspezial-Milch) oder angewärmtes Futter können angeboten werden, man sollte die Katze aber nicht zwingen. Danach sollte sie für einige Stunden unter Beobachtung bleiben, bessert sich ihr Zustand nicht zusehends, muss sie zum Tierarzt gebracht werden.

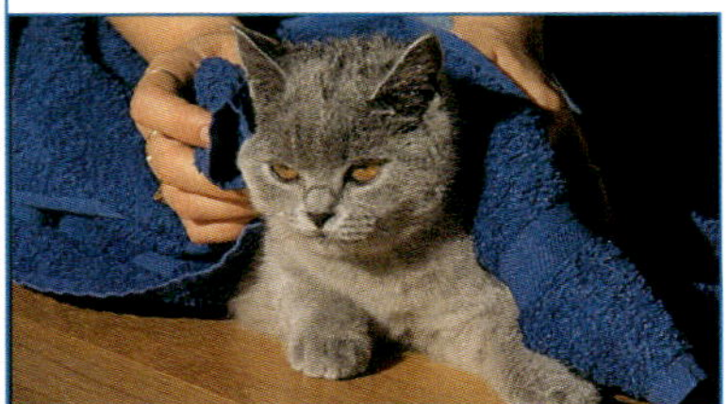

... anschließend hilft ein flauschig warmes Handtuch und angewärmte Katzenmilch.

- **Wichtig** ist, nicht versuchen die Katze zu schnell aufzuwärmen. Eine plötzliche Wärmeeinwirkung kann zu einem Schock, einem Kreislaufkollaps und zu schweren Gewebeschäden führen.

Erfrierungen

Von Erfrierungen spricht man, wenn es sich um einzelne Körperteile handelt, vor allem die Ohrspitzen und der Schwanz sind hiervon betroffen.

- **Symptome** Der Körperteil fühlt sich kalt und völlig gefühllos an. Er ist entweder sehr blass oder bläulich verfärbt.
- **Sofortmaßnahmen** Die betroffenen Stellen werden mit einem Wattebausch, einem kleinen Handtuch o.ä. erwärmt. Dazu wird dies erst in warmes Wasser getaucht und anschließend gut ausgedrückt. Die erfrorene Stelle darf nicht gerieben werden, um die Haut nicht noch weiter zu schädigen. Eventuell kann es notwendig sein, die betroffene Stelle zu amputieren. Deshalb und zur weiteren Behandlung sollte der Tierarzt hinzugezogen werden.

Stromschlag

- **Ursache** Hier sind meist neugierige kleine Katzen gefährdet, die in Kabel beißen.
- **Symptome** Ein Stromschlag kann zu Herz- und Atemstillstand, sowie zu Verbrennungen führen. Die Katze kann auch ihr Bewusstsein verlieren. Die Auswirkungen sind umso schlimmer, je länger die Einwirkungszeit und umso höher die Stromstärke ist. Oft sieht man bräunliche „Strommale“ auf Zunge und Lippen.
- **Sofortmaßnahmen** Die Katze muss sofort von der Stromquelle getrennt werden. Vorsicht, erst den Strom abschalten, z.B. den Stecker herausziehen oder die Sicherung herausdrehen. Wenn dies nicht möglich ist, die Katze mit einem nichtleitenden Gegenstand (aus Holz oder Gummi) von der Stromquelle wegschieben. Dann Atmung, Herz- und Pulsschlag kontrollieren und beruhigend auf die Katze einwirken. Bei Atem- und/ oder Herzstillstand mit Wiederbelebungsmaßnahmen be-

Checkliste
Maßnahmen bei Stromschlag

- ◯ Schalten Sie den Strom ab!
- ◯ Kontrollieren Sie die Strommale!
- ◯ Stellen Sie Atmung und Herztätigkeit sicher!
- ◯ Bringen Sie die Katze zum Tierarzt!

> *Atmung sicherstellem* S. 34
> *Herzstillstand* S. 34
> *Verbrennungen* S. 40

ginnen (s. Kap. Atmung sicherstellen und Herzstillstand) und Verbrennungen gemäß S.40 versorgen. Bitte danach die Katze zum Tierarzt bringen, um einer Schockentwicklung vorzubeugen oder einen bereits bestehenden Schock zu behandeln. Auch wenn keine auffälligen Symptome vorliegen, sollte dies aus Sicherheit geschehen.

Insektenstiche

> **Ursache** Katzen können im Spiel nach Insekten schnappen, und werden dann meist in den Mund- und Rachenraum oder in die Pfoten gestochen. Die meisten Stiche gehen jedoch harmlos aus. Zeigt die Katze allerdings allergische Reaktionen auf einen Insektenstich oder schwillt bei Stichen im Rachenraum der Kehlkopf zu, kann sie sehr schnell in Atemnot geraten oder einen Schock entwickeln.

> **Symptome** Normalerweise rötet sich die Einstichstelle, schwillt stark an und wird heiß. Bei Bienen- oder Wespenstichen können aber auch folgende Symptome auftreten: Erbrechen, Muskelzucken und Zittern. Falls die Katze im Garten plötzlich laut miaut oder lahmt, sollten sorgfältig alle vier Pfoten (die Zehenzwischenräume nicht vergessen!) untersucht werden.

> **Sofortmaßnahmen** Ziehen Sie den Stachel vorsichtig mit einer Pinzette heraus. (Besonders bei Bienenstichen bleibt der Stachel stecken, und die Biene stirbt während Wespen den Stachel behalten und wiederholt stechen können.) Dann sollten sie die Einstichstelle mit einem in Essig getränkten Wattebausch kühlen. Es können auch Salben gegen Insektenstiche (Antihistaminika) dünn aufgetragen werden, wobei verhindert werden muss, dass sie von der Katze abgeleckt wird. Dies kann durch überziehen eines alten T-Shirts o.ä. geschehen. Falls die Katze Anzeichen eines Schocks oder einer Atemnot zeigt, sollte sie so schnell wie möglich zu einem Tierarzt gebracht werden. Wenn Ihre Katze bereits allergische Reaktionen gezeigt hat, lassen Sie sich eine kortisonhaltige Salbe vom Tierarzt verschreiben. Kortison dämpft die überschießende Reaktion des Körpers auf bestimmte Eiweißbestandteile des Insektengiftes und vermindert die Reaktion.

Schock

Anzeichen eines Schocks können Unruhe, Durchfall, Erbrechen bis hin zum Kreislaufkollaps sein. Bei Unsicherheit sollte die Katze auf jeden Fall Zuhause für die nächsten Stunden unter Beobachtung bleiben.

Vergiftungen

»Die Katze lässt das Mausen nicht«, sagt der Volksmund. Und hier lauert große Gefahr: Da das Lebensumfeld für unsere Katzen immer unnatürlicher wurde, konnten sich Mäuse und Ratten stark vermehren. Dem begegnet der Mensch durch Ausstreuen von Ratten- und Mäusegift, um die Nager zu dezimieren.

- **Ursache** Fängt und frisst die Katze nun eines dieser vergifteten Tiere, welches geschwächt und daher leicht zu fangen ist, droht ihr große Gefahr, da auch sie gegen das meist blutverdünnende Gift nicht resistent ist.
- **Vergiftungsquellen** Es gilt: alle Schädlingsbekämpfungsmittel sind auch für die Katze giftig, ja oftmals tödlich! Das gleiche gilt für herumliegende Tabletten: Katzen können diese aus Neugierde fressen. Hier sei auch erwähnt, das man seine Katze, nicht ohne mit dem Tierarzt gesprochen zu haben, mit Medikamenten versorgen sollte. Bestimmte Tabletten, die für den Menschen gut verträglich sind, werden von der Katze nicht vertragen. Das gleiche gilt für die Dosis. Die Dosierung für eine Katze richtet sich nicht nach ihrer Größe im Vergleich zum Menschen, nach dem Motto „die Katze ist viel kleiner, da gebe ich ihr nur die halbe Tablette", sondern nach der Verstoffwechselung im Körper. Deshalb bitte immer den Tierarzt fragen!
- **Die Symptome** einer Vergiftung können von Tier zu Tier und je nach Giftart variieren. Im Vordergrund dürften jedoch Störungen des Magen- Darmtraktes wie Erbrechen und Durchfall stehen. Ebenso starkes Speicheln, Zittern, Bewegungsstörungen und Krämpfe. Leider ähneln sich die Symptome der meisten Vergiftungen oder entsprechen vielen anderen Krankheitsbildern. Deshalb im Verdachtsmoment lieber einmal zuviel zum Tierarzt gehen. Bei vielen Vergiftungen kann man im Anfangsstadium der Katze noch sehr gut helfen.

Auch Efeu gehört zu den giftigen Pflanzen.

› *Atmung sicherstellen* S. 34
› *Herzstillstand* S. 34

› **Sofortmaßnahmen** Falls der Verdacht besteht, dass die Katze Gift aufgenommen hat, gehen Sie bitte unverzüglich zum Tierarzt. Denken Sie daran, Erbrochenes und/oder den Kot mitzubringen. Wenn man die Katze bei der Giftaufnahme beobachten konnte, bitte das Gift mitbringen, bzw. die Reste und vor allem die Verpackung. Damit der Tierarzt bereits die nötigen Maßnahmen in seiner Praxis ergreifen kann, informieren Sie ihn bitte vorab telefonisch. Unten genannte Maßnahmen gelten für alle Gifte:
Bei einer Katze, die eine Schockproblematik oder Atemprobleme hat, bitte entsprechende Maßnahmen ergreifen (siehe Kap. Atmung sicherstellen und Herzstillstand). Versuchen Sie auf keinen Fall, der Katze etwas einzuflößen, das kann die Situation nur verschlimmern. Wenn die Katze das Bewusstsein verloren hat, muss man sie in Seiten- oder Bauchlage transportieren. Hierbei sollte der Kopf tiefer als der restliche Körper gelagert sein und die Zunge wird herausgezogen. Erbricht die Katze, sollte man sie mit dem Kopf nach unten hängen lassen.

› **Äußerer Kontakt** Ist die Katze mit dem Gift über die Haut in Berührung gekommen, muss man die Haut mit reichlich klarem Wasser (Ausnahme: Phenole) gründlich abspülen, damit die Katze beim Putzen nicht noch mehr Gift aufnimmt.

› **Augenkontakt** Bei Augenspritzern sollte eine sofortige, zehnminütige Spülung des Auges mit klarem Wasser erfolgen. Wenn das nicht möglich ist, sollte vorsichtig ein gut durchfeuchtetes Taschentuch mehrfach in den Lidspalt hinein ausgedrückt werden.

› **Gift einatmen** Wurde das Gift eingeatmet, ist die Katze sofort von der Giftquelle zu entfernen und an die frische Luft zu bringen. Anschließend sollte sie in einem gut durchlüfteten Fahrzeug zum Tierarzt gebracht werden.

› **Vorbeugung** Hier gilt dasselbe wie bei kleinen Kindern im Haushalt: Lassen Sie kein Gift frei zugänglich im Haus stehen! Falls man Besitzer eines Gartens ist, muss man bedenken, dass bestimmte Pflanzengifte oder Schädlingsbekämpfungsmittel auch giftig für die Katze sind. Hierzu gibt es heute gute biologische Alternativen.
Gehen Sie bewusst durch Ihr ganzes Haus, alle Neben- und Kellerräume, ganz besonders die Garage nicht vergessen und durchsuchen sie es nach möglichen Gefahrenquellen. Das gilt auch für Klebstoffe und Farben. Ihre Katze könnte etwas davon fressen oder auch nur in den chemischen Substanzen herumlaufen. Sie wird sich anschließend ausgiebig putzen und auf diese Weise die Giftstoffe in sich aufnehmen. Auch auf diesem Weg können Vergiftungen entstehen.

Giftige Pflanzen

Obwohl das Risiko relativ gering ist, dass Ihre Katze von diesen Pflanzen frisst, so besteht doch Vergiftungsgefahr.

Ackerveilchen
Alpenveilchen
Amaryllisgewächse *(z. B. Schneeglöckchen, Narzissen, Agave)*
Anemonen
Anthurien
Aronstabgewächse *(z. B. Dieffenbachie, Kalla, Philodendron)*
Azaleen

Bittersüßer Nachtschatten
Blaustern
Breitblättrige Kalmie
Buchsbaum

Christrosen
Christusdorn
Chrysanthemen
Clematis

Edelweiß
Efeu
Eiben
Eisenhut
Enzian

Farne
Feldstiefmütterchen
Feuerdorn
Fingerhut

Geißblatt
Geranien
Ginster
Glyzinien
Goldregen

Hahnenfußgewächse
Hartriegel
Herbstzeitlose
Herkuleskraut
Hortensien
Hyazinthen

Kakteen
Kastanien
Katzen- oder Hundspetersilie
Kornrade
Kreuzdorn
Krokus

Lebensbaum *(Thuja)*
Leberblümchen
Liguster
Liliengewächse
Lorbeer
Lupinen

Magnolien
Maiglöckchen
Mauerpfeffer
Mistel

Nachtschatten-gwächse
Narzissen
Nelken
Nieswurz

Oleander
Orchideen
Osterglocken

Pfaffenhütchen
Primeln
Prunkwinde

Rhododendron
Rittersporn
Rosmarinheide

Schierling
Schneeball
Schneeglöckchen
Schwertlilien *(Iris)*
Scilla
Seidelbast
Stechapfel
Stechpalme
Steinklee
Steinröschen
Stephanskraut
Sumach

Tabakpflanzen
Tollkirschen
Tomatenpflanzen *(grüne Teile)*
Tulpen

Usambaraveilchen

Wacholder
Waldmeister
Weihnachtsstern
Weinraute
Weißdorn
Wolfsmilchgewächse
Wunderblume
Wurmfarn

Zwiebelgewächse
Zypressen

Infektionskrankheiten

Viele Krankheiten werden durch das Eindringen und Vermehren von Krankheitserreger in den Katzenkörper verursacht. Zu den Infektionserregern zählen Viren, Bakterien und Pilze, aber auch Einzeller und mehrzellige Parasiten zählen zu dieser Gruppe. Es gibt sehr viele dieser Erkrankungen, so das nur die häufigsten genannt werden können.
Vielleicht sollte noch erwähnt werden, dass alte, kranke und geschwächte Katzen, aber auch gestresste Tiere besonders anfällig für Viruserkrankungen sind. Manche dieser Krankheiten sind von der Katze auf den Menschen übertragbar. Man nennt sie dann Zoonosen.

Toxoplasmose

- **Ursache** Diese Krankheit wird durch einen Einzeller, dem sogenannten Toxoplasma gondii verursacht.
- **Symptome** Akute Erkrankung: Im Falle der akuten Erkrankung treten im wesentlichen Erkrankungen des Atmungsapparates, Durchfall und Erbrechen auf.
Chronische Erkrankung: Sie äußert sich ebenfalls durch Durchfall, Anämie, Anschwellen der Lymphdrüsen sowie entzündete Nasenschleimhaut, weiterhin sind Lähmungserscheinungen möglich. Meist verläuft die Toxoplasmose aber bei der Katze ohne Krankheitssymptome.
- **Vorsicht, Zoonose!** Die Toxoplasmose ist auf den Menschen übertragbar.
- **Übertragung** Sie kann in allen Stadien, welche der Parasit im Laufe seiner Entwicklung durchmacht, erfolgen. Genannt seien hier die Oozysten, welche über den Kot ausgeschieden werden.
Jedoch ist nicht nur die Katze Überträger der Krankheit, auch der Verzehr von rohem, unzureichend gekochtem oder gebratenem Fleisch kann für die Übertragung auf den Menschen verantwortlich sein.
Auch ist eine Ansteckung über Vögel, Eier sowie eigentlich alle Säugetiere, mit denen wir in Berührung kommen, denkbar.
Da der Toxoplasmose-Erreger allgegenwärtig ist, ist die Ansteckungsgefahr überall gegeben, ganzgleich, ob Sie eine Katze haben oder nicht. Auch können wir Menschen selbst, nachdem wir einmal infiziert wurden, zum Überträger werden. Der Grund hierfür ist, dass die Zysten, welche als abgekapselte Dauerform im Körper bleiben, von den Medikamenten nicht erreicht werden.
- **Symptome beim Menschen** Bei gesunden erwachsenen Menschen lösen Toxoplasmen keine schweren Erkrankungen aus, sondern führen lediglich zu grippeähnlichen Symp-

tomen. Für Patienten die unter Störungen des Immunsystems leiden (z.B. AIDS- oder Chemotherapie-Patienten) kann Toxoplasmose zu einer lebensgefährlichen Gehirnentzündung führen.

› **Vorsichtsmaßnahmen für Schwangere** Auch bei Schwangeren ist Vorsicht geboten, da eine Infektion eine Fehlgeburt oder schwere Missbildungen des Ungeborenen auslösen kann.
Katzenbesitzerinnen, die schwanger sind oder es werden wollen, sollten ihr Blut auf Toxoplasmose-Antikörper untersuchen lassen. Haben Sie einen Antikörper-Titer, d.h., Sie sind positiv, besteht keine Ansteckungsgefahr mehr, da sie bereits Kontakt mit dem Erreger

hatten. Wenn man seine Katze untersuchen lassen möchte, ist dies nur bei einer reinen Wohnungskatze sinnvoll, denn sonst kann sie sich jederzeit draußen anstecken. Ein negativer Befund einer reinen Hauskatze schließt aber eine Infektion mit Toxoplasmose so gut wie aus. Ist eine Katze infiziert, bekommt sie Antibiotika. Abschließend sollte aber eine Kontrolluntersuchung erfolgen.
Hat man keine Antikörper gegen Toxoplasmose, muss man aber jetzt nicht überängstlich werden und auch als Schwangere nicht die Katze weggeben. Die Wahrscheinlichkeit, sich bei seiner Katze mit Toxoplasmose anzustecken, ist extrem gering, wenn man auf ein paar Dinge achtet: die Katzentoilette sollte mit Handschuhen oder noch besser, von einer anderen Person geputzt werden. Bei der Gartenarbeit sollten immer Handschuhe getragen werden, auch aufgrund der Gefahr einer Ansteckung mit Tetanus. Ein Problem stellen Kinder-Sandkästen dar: wenn möglich sollten sie abgedeckt werden. Meistens ist dies aber auf Spielplätzen nicht möglich. Bei rohem Schweinefleisch ist Vorsicht geboten: am besten wird Schweinefleisch vor dem Kochen einige Tage bei -20° C eingefroren. Beim Schneiden und Waschen sollten Handschuhe getragen werden. Auch Gemüse muss gut gereinigt werden.

Mit ein paar Regeln müssen auch Schwangere keine Katzen fürchten.

Tollwut

- **Ursache** Die Krankheit wird von einem Virus übertragen und ist tödlich, obwohl ein Impfstoff schon 1886 von Pasteur gefunden wurde.
- **Übertragung** Sie wird nur möglich, wenn der Speichel eines erkrankten Tieres oder Menschen in die Blutbahn eines anderen eindringen kann. Dies geschieht in der Regel, wenn man gebissen oder gekratzt wird. Auch wenn man ein an Tollwut verendetes Tier berührt und dabei eine Verletzung an der Hand hat, besteht Ansteckungsgefahr.
  Deutschland ist Tollwutgebiet. Die Krankheit wird vor allem durch Wildtiere weitergegeben. Man versucht immer wieder, die Wildtiere durch Auslegen von mit Impfstoff präparierten Ködern zu immunisieren. Diese Aktionen sind jedoch leider nur wenig erfolgreich. Insbesondere ist nicht bekannt, welches Tier nun »geimpft« ist und welches nicht. Insofern kann jede Katze, die frei leben darf, sich anstecken. Besonders groß ist diese Gefahr, wenn Sie in Waldnähe wohnen und einen Garten haben, also immer dann, wenn die Katze die Möglichkeit hat, in freier Wildbahn zu streunen. Um sich und Ihre Familie zu schützen, ist es daher besonders notwendig, die Katze jedes Jahr gegen Tollwut impfen zu lassen.
- **Symptome** Das Krankheitsbild der Tollwut ist vielfältig, die Inkubationszeit (Zeit von der Ansteckung bis zum Ausbruch der Krankheit) ebenso. Sie kann von einigen Wochen bis zu Jahren dauern. Sind die Symptome da, d. h., ist die Krankheit ausgebrochen, stirbt die Katze innerhalb einer Woche. Wurde Ihre Katze von einem tollwütigen Tier gebissen, ist eine strenge Quarantäne dringend notwendig!
- **Formen der Tollwut** Es gibt eine stumme und eine aggressive Form der Tollwut. Die stumme Form ist begleitet von zitternder Schlaflosigkeit, Magen-Darm-Störungen und auch von Lähmungserscheinungen. Bei der aggressiven Form ist die Katze sehr unruhig, sie verweigert jede Nahrungs- und Wasseraufnahme, ihre Stimme verändert sich und sie versucht, Sie anzugreifen.
  Das Krankheitsbild ist sehr schwer einzuordnen, und nur Ihr Tierarzt kann Ihnen Sicherheit über die Diagnose geben.

Dr. Wolfs Praxis-Tipp

Und noch eines ist wichtig zu wissen: Eine nicht geimpfte Katze, bei der Tollwutverdacht besteht, muss dem Gesetz nach eingeschläfert werden – ganz gleich, ob sie nun tatsächlich Tollwut hat oder nicht. Auch aus diesem Grunde rate ich Ihnen, auf einen kontinuierlichen Impfschutz zu achten.

Bevor Sie Ihre Katze decken lassen, sollten Sie darauf achten, dass beide Elterntiere gesund sind.

Feline Infektiöse Peritonitis

- **Ursache** Diese Krankheit (auch FIP genannt) wird durch Coronaviren ausgelöst. Fast jede Katze weist im Darmtrakt dieses Virus auf. Wenn nun dieses Virus mutiert, d.h. sich verändert, entstehen aus den harmlosen Coronaviren FIP-Viren. Diese mutierten Viren gelangen über den Blutkreislauf zu den verschiedenen Organen.
- **Symptome** Sie führen zur Bauchwassersucht, bei der sich die Bauchhöhle der erkrankten Katze mit einer gelblichen Flüssigkeit füllt. Füllt sich die Brusthöhle mit dieser Flüssigkeit, weist die Katze hochgradige Atemprobleme auf.
- **Vorbeugung** Leider ist die Krankheit unheilbar und auch die Impfung gewährleistet keinen vollständigen Schutz. Bitte achten Sie beim Kauf einer Rassekatze unbedingt darauf, dass die Elterntiere und auch die anderen Katzen im Bestand gesund sind, da manche Katzenzuchten Bestandesprobleme mit FIP haben. Deshalb schauen Sie sich die Zucht ganz genau an und achten Sie auf kranke Tiere.

Leukose

- **Fachbegriff** Felines Leukämievirus, (FeLV)
- **Ursache** Für diese Krankheit ist das Feline Leukosevirus verantwortlich.
- **Symptome** Leukose zeichnet sich nicht durch nur ein Symptom auf, meist wird das gesamte Immunsystem geschwächt, worauf sie an einer Vielzahl von Infektionen erkranken kann. Dazu gehören Tumoren, Anämien eine chronische Entzündungen, sowie wunde Ballen. Die Katze

magert ab, kann Erbrechen und/oder Durchfall haben. Bei letzterem hat die Katze meist Darmtumoren.

- **Vorbeugung** Die Impfung bietet einen guten Schutz, vorher sollte aber die Katze auf Leukose getestet werden. Eine positive Katze sollte nach 16 Wochen nochmals untersucht werden. Manchmal gelingt es dem Immunsystem den Erreger zu bekämpfen und zu eliminieren.Die Impfung gegen Leukose ist nur bei Freiläufern sinnvoll oder bei Katzen, die in Kontakt mit anderen Katzen kommen. Das Virus überlebt in der Außenwelt nur 24-48 Stunden, kann aber über gemeinsame Fress- und Trinknäpfe oder gegenseitiges Putzen übertragen werden.
- **Übertragung** Virusträger, die unter Behandlung in einem stabilen Zustand sind, dürfen keinen Kontakt zu anderen Katzen bekommen, um Ansteckungen zu vermeiden.

„Katzen-Aids“

- **Fachbegriff** Felines Immunschwächevirus (FIV)
Diese Krankheit weist Ähnlichkeiten mit der Aidserkrankung der Menschen auf, daher auch der Name „Katzen-Aids“.
- **Ursache** FIV wird durch das Feline Immunschwächevirus verursacht. Es kann nur von Katze zu Katze übertragen werden, ist aber für den Menschen nicht ansteckend.
- **Symptome** Da die Krankheit das Immunsystem schwächt, können zahlreiche unterschiedliche Erkrankungen Fuß fassen, ähnlich wie bei der Leukose. Deshalb sollte bei chronischen Erkrankungen ein Bluttest auf FIV gemacht werden.
- **Behandlung** Momentan gibt es wenig erfolgsversprechende Behandlungsmethoden, es wird allerdings daran geforscht. Bei Erkrankung sollte man sich am besten mit einer Universitätstierklinik in Verbindung setzen. Die FIV Erkrankung ist kein Grund, um sich gleich von der Katze zu trennen. Bei guter Pflege und Behandlung kann die Katze noch eine ganze Zeit glücklich leben. Wichtig ist allerdings, das die Katze nicht mehr raus darf, um andere Katzen nicht anzustecken.

Katzenschnupfen

Der Katzenschnupfen gehört zu den Krankheiten, die man durch regelmäßige Impfungen in ihrer Schwere abschwächen oder sogar ganz verhindern kann.

- **Ursache** Es handelt sich hierbei um einen Komplex, d.h., es sind mehrere Erreger, vor allem Viren, aber auch Bakterien an der Entstehung beteiligt. Da eine Vielzahl von Erregern bestehen, die immer mal wieder mutieren, beteiligt sind, können auch geimpfte Katzen betroffen sein.

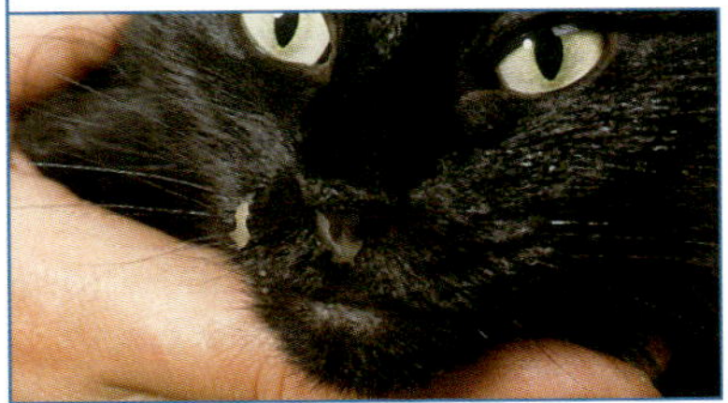

Bei dieser Katze ist der Nasenausfluss gut zu erkennen.

› **Symptome** Der Katzenschnupfen tritt in akuter sowie in chronischer Form auf. Die Hauptmerkmale sind Niesen, Nasenausfluss, Augenentzündung, Niedergeschlagenheit, Flüssigkeitsverlust, Lymphdrüsenschwellung im Halsbereich, Nasenbluten sowie Verletzungen im Maulbereich. Die Krankheit ist ansteckend, sie muss jedoch nicht tödlich ausgehen.
Die chronische Form zeigt sich an beidseitig verstopfter Nase sowie verstärktem Niesen und eventuellem Nasenbluten. Dabei ist auch eine laute und beschwerlich wirkende Atmung zu beobachten. Oftmals sind auch die Augeninnenseiten durch ein Sekret verschmiert.

› **Behandlung** Wichtig ist die rechtzeitige und fachkundige Behandlung, insbesondere der Lungen. Die nicht behandelte akute Erkrankung führt zur chronischen Form des Katzenschnupfens. Er ist besonders gefährlich für junge und alte Tiere, deren Widerstandskräfte nicht ausreichend oder reduziert sind.
In jedem Fall gehört der Katzenschnupfen in die fachkundige Hand Ihres Tierarztes.

Aujeszkysche Krankheit

› **Ursache** Es handelt sich um eine tödlich verlaufende Infektion mit Viren, die beim Fressen von virushaltigem Schweinefleisch und durch engen Kontakt mit infizierten Schweinen aufgenommen werden.

› **Symptome** Der Krankheitsverlauf erinnert stark an den der Tollwut und unterscheidet sich von Fall zu Fall und von Tier zu Tier. Eine exakte Symptomatik lässt sich daher nicht angeben. Wichtig ist jedoch der Zusammenhang zwischen dem Verzehr von Schweinefleisch (oder bei Kontakt mit Schweinen) und sich anschließenden Lähmungserscheinungen, Speichelfluss, intensivem Kratzen und Niedergeschlagenheit. Sollte Ihre Katze mit der Aujeszkyschen Krankheit infiziert sein, wird sie nur noch 48 Stunden leben.

› **Vorbeugung** Ich möchte Sie daher eindringlich bitten, niemals rohes Schweinefleisch zu füttern. Heutzutage ist die Lage von Bundesland zu Bundesland verschieden: Bayern gilt als Aujeszky frei, d.h., hier werden die Schweine nicht geimpft. In anderen Bundesländern gab es vereinzelt Fälle, und hier werden die Schweine auch geimpft. Das heißt, die Wahrscheinlichkeit liegt in Bayern etwas höher, dass ein Schwein an der Krankheit erkrankt und somit andere Tiere infiziert. Im Zweifelsfall kann der Tierarzt Sie über die Situation informieren.

Impfungen

Im Allgemeinen impft man Katzen gegen Katzenseuche (Feline Parvovirose oder Panleukopenie der Katzen) und gegen Katzenschnupfen. Freiläufer sollten auf jeden Fall gegen Tollwut geimpft werden, da diese Krankheit immer tödlich endet und auch für den Menschen ansteckend ist.
Des Weiteren kann man sie gegen FelV (Felines Leukosevirus) und gegen FIP (infektiöse Bauchfellentzündung) impfen, wobei letztere Impfung in ihrer Wirksamkeit umstritten ist. Die Impfung gegen FIP erfolgt durch Tröpfchen, die in beide Nasenlöcher eingegeben werden.
Alle Katzen sollten gegen Katzenseuche und gegen den Katzenschnupfenkomplex geimpft werden. Letztere, weil der Erreger auch über die Bekleidung und die Schuhe in die Wohnung getragen werden kann. Die Erreger können sowohl über Tröpfcheninfektionen, z.B. beim Niesen sowie über direkten Kontakt weitergegeben werden. Da beide Erkrankungen die Feten im Mutterleib befallen und zu Missbildungen oder zum Abort führen können, sollten Katzen vor dem Deckakt geimpft sein. Die Impfung gegen die beiden Erkrankungen wird subkutan als Kombinationsvakzine verabreicht.

Grundimmunisierung

Die junge Katze sollte gegen Katzenseuche und Katzenschnupfen zweimal geimpft werden: Das erste Mal im Alter von 8 Wochen, das zweite Mal im Alter von 12 Wochen. Der Grund hierfür ist, dass die Abwehrstoffe, die das Katzenkind über die Muttermilch erhalten hat, nach der 8. Lebenswoche abnehmen, das eigene Immunsystem hingegen erst ab der 13. Lebenswoche vollständig ausgebildet ist. Ist die Katze schon älter, genügt in der Regel eine Impfung, die jedoch jährlich wiederholt werden muss.

> **Neue Erkenntnisse** In letzter Zeit wird diskutiert, ob man die Katzen anfänglich drei mal impfen soll, da es Fälle gab, in denen die Impfung nicht gewirkt hat. Der Grund hierfür lag in dem hohen Antikörper-Gehalt in der Muttermilch, der die Impfung quasi neutralisiert hat. Man weiß inzwischen, wenn die Mutter kurz vor dem Deckakt geimpft wurde, ist der Antikörper-Gehalt in der Muttermilch sehr hoch, deshalb sollten die Welpen nochmals in der 16. Lebenswoche geimpft werden. Da man in der Regel über den Antikörper-Gehalt nicht Bescheid weiß, sollte man lieber noch eine dritte Impfung machen, um auf der sicheren Seite zu sein.

> **Aktive Impfung** Da es sich bei den obengenannten Impfungen um aktive Impfungen handelt, d.h. der

Ein Fall aus Dr. Wolfs Tiersprechstunde

› Impfung für Katzenbabys

Der Fall

Frau Pfeifer züchtet die traditionell ursprünglichen, etwas kräftigeren Siamkatzen und hat schon sehr viele Preise erhalten. Ihre neun Wochen alten Siamkatzen sollen auf Herz und Nieren untersucht werden und ihre erste Impfung erhalten.

Die Untersuchung

Vor der Impfung überprüfe ich den Gesundheitszustand der jungen Kätzchen.
Ich kontrolliere die Entwicklung der Milchzähne und der Augen, taste die Lymphknoten und das Katzenbäuchlein ab.

Die Diagnose

Da sich der Katzennachwuchs bester Gesundheit erfreut, kann ich ihnen ihre erste Schutzimpfung verabreichen.

Die Behandlung

Die Impfung ist der erste Teil der Grundimmunisierung. Es handelt sich um einen Kombinationsimpfstoff gegen Katzenseuche (Feline Parvovirose oder Panleukopenie der Katzen), Katzenschnupfen (Sammelbegriff für eine Erkrankung, an welcher verschiedene Viren und bakteriellen Krankheitserreger beteiligt sind) und Leukose (Felines Leukose-Virus).
Der zweite Teil der Grundimmunisierung erfolgt vier bis sechs Wochen später. Dann wird auch die erste Tollwutimpfung fällig, sofern die Kätzchen nicht als reine Wohnungskatzen gehalten werden.

Das richtige Impfalter

In den ersten acht bis neun Lebenswochen sind die neugeborenen Kätzchen durch die Aufnahme der Kolostralmilch (Muttermilch) vor vielen Infektionskrankheiten geschützt, weil diese die muttereigenen Antikörper enthält. Erst danach ist das Immunsystem der jungen Kätzchen so weit entwickelt, dass es nach Impfungen schützende Antikörper bilden kann.

Der Impfpass

Jede Katze sollte mit der ersten Impfung einen Impfpass erhalten. Wichtig ist die Eintragung von Datum und der Impfstoffnummer. Die Impfstoffnummer lässt Rückschlüsse über Hersteller, Herstellungsdatum und Impfstoffnummer zu. Auch der Stempel und die Unterschrift des behandelnden Tierarztes sollte nicht fehlen.

Mein Rat

Je nach Haltung und Herkunft sollte man für jede Katze einen individuellen Impfplan, der die entsprechenden Grundimmunisierungen und Auffrischimpfungen enthält, zusammen mit dem behandelnden Tierarzt erstellen.

Körper setzt sich mit dem abgeschwächten Erreger auseinander und bildet Antikörper, muss die Katze vor der Impfung gesund sein.

- **Impfreaktionen** Beachten Sie bitte, dass es nach jeder Impfung zu einer Reaktion kommen kann, d.h., die Katze bekommt Fieber und ist vielleicht einen Tag lang unpässlich. Das legt sich wieder.

Impftabelle

Die Impftabelle gibt eine allgemeine Richtlinie. Die genauen Termine sind jedoch von Alter und Gesundheitszustand der Katze, der Region und dem verwendeten Impfstoff abhängig. Ihr Tierarzt wird Sie beraten.

- **Leukose-Impfung** Bitte beraten Sie sich mit ihrem Tierarzt über den Termin für eine Leukose und FIP Impfung. Für ersteres sollte mit einem Bluttest abgeklärt werden, ob die Katze sich bereits infiziert hat.

Impftumore

- **Ursache** Bei der Tollwut sowie der Leukoseimpfungen kam es in der Vergangenheit hin und wieder zu bösartigen Tumoren (Fibrosarkomen) an der Impfstelle.
- **Vorkommen** Ein Impftumor tritt allerdings nur bei zwei von 10.000 Katzen auf.
- **Behandlung** Der Tumor muss auf schnellstem Wege operativ entfernt werden, um eine Vermehrung der Krebszellen zu verhindern. Je früher er erkannt wird, desto besser. Inzwischen injiziert man diese Impfstoffe in den Oberschenkel, um gegebenenfalls den Tumor besser entfernen zu können. Früher hat man die Spritze meist zwischen die Schulterblätter gegeben.
- **Vorsicht!** Nicht erschrecken! Viele Katzen entwickeln an der Impfstelle einen Impfknoten, der mit einem Tumor überhaupt nichts zu tun hat und nach einigen Wochen wieder verschwindet.

Impftabelle

Alter	Impfung gegen
8 Wochen	Katzenseuche, Katzenschnupfen
12 Wochen	Katzenseuche, Katzenschnupfen, Tollwut (wenn ein drittes Mal geimpft wird, reicht es, die Tollwutimpfung in der 16. Lebenswoche zu verabreichen, bis dahin sollte die Katze aber keinen Freilauf haben).
16 Wochen	Katzenseuche, Katzenschnupfen, Tollwut
jährliche Wiederholung	Katzenseuche, Katzenschnupfen, Tollwut

Ein Fall aus Dr. Wolfs Tiersprechstunde

> Impftumor

Der Fall

Besorgt zeigt mir Frau Becker bei ihrer Katze Sissi einen kleinen Knubbel seitlich an der Brust.

Die Untersuchung

An der seitlichen Brustwand kann ich einen kleinen, knorpelig harten, mehrteiligen Knoten ertasten; eine Stelle, an welcher von vielen Tierärzten der Impfstoff verabreicht wird.

Die Diagnose

Ich vermute einen Impftumor, einen sogenannten VAS-Tumor (Vaccine Associated Sarcoma), auch bekannt unter dem Namen Felines Impfungsassoziiertes Fibrosarkom.

Die Behandlung

Dieser kleine Tumor muss entfernt werden, um eine eventuelle Wucherung der Krebszellen zu verhindern. Der Knoten erweist sich bei der Operation als weitaus tiefsitzender und größer als erwartet. Nachdem das Gewebe großzügig entfernt wurde, muss die relativ große, innere Wundhöhle sorgfältig vernäht werden, um alle Blutungen zu stoppen. Um herauszubekommen, um welche Tumorart es sich bei Sissi handelt, werden die Zellen des entfernten Tumorgewebes in einem speziellen Labor untersucht.

Die Ursache

Dieser rapide wachsende Impftumor gehört zu den häufigsten Tumorformen der Katze. Er kann innerhalb weniger Wochen hühner- bis gänseeiergroß werden und wird zur Zeit öfters in den Medien diskutiert. Besonders die Impfungen gegen Tollwut und Leukose stehen unter Verdacht diesen Tumor auszulösen.

Die Genesung

Leider sind die Aussichten auf vollständige Gesundung mit 60-75% wiederkehrender Tumorerkrankungen, oft schon nach wenigen Wochen, nicht sehr gut.

Mein Rat

Nach meiner persönlichen Überzeugung ist es sinnvoller, seine Katze gegen die bekannten Katzenkrankheiten durch die entsprechenden Impfungen zu schützen, als dies aufgrund eines relativ geringen Impftumor-Risikos zu unterlassen. Zur Minimierung des Risikos sollten unnötige Impfungen vermieden werden. Zusätzlich sollten keine Kombinationsimpfstoffe, sondern Einzelimpfstoffe verwendet werden, welche an unterschiedlichen Impfstellen appliziert werden. Zur besseren Früherkennung eines sich entwickelnden Impftumors und dessen leichterer operativer Entfernung sollte die Impfung stets unter die Haut verabreicht werden und unbedingt die Schulterblattgegend als Impfstelle vermieden werden.

Äußere Parasiten

Die häufigste Ursache für eine Fellveränderung sind äußere Parasiten, auch Ektoparasiten genannt. Der Befall ist in der Regel durch intensives Kratzen erkennbar, denn die Katze versucht sich selbst zu helfen.

Flöhe

- **Ursache** Der häufigste dieser Plagegeister für die Katze – und oftmals auch für den Katzenbesitzer – ist der Floh. Flöhe ernähren sich vom Blut der Katze.
- **Symptome** Ihr Stich führt zu heftigem Juckreiz und kann eine Allergie gegen den Flohspeichel auslösen. Sekundär kann es durch das ständige Kratzen und Scheuern zu einer großflächigen Entzündung der betroffenen Hautstelle kommen.

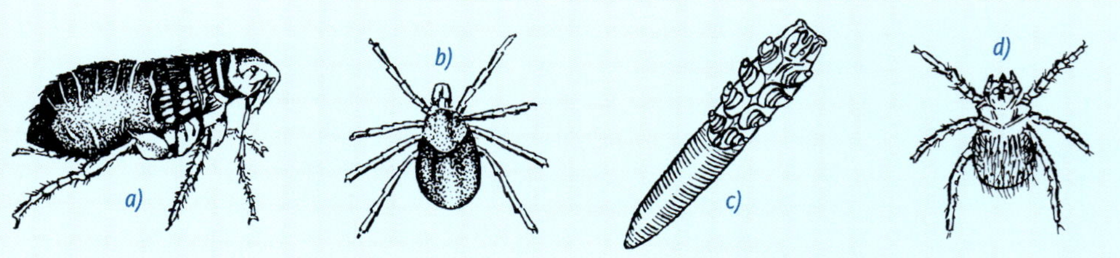

Abbildung der Außenparasiten:
a) Katzenfloh
b) Zecke
c) Haarbalgmilbe
d) Herbstgrasmilbe

- **Diagnose** Flöhe kann man nachweisen, indem man die Katze mit einem Flohkamm durchkämmt. Dabei fällt bei starkem Befall der Flohkot auf, der als kleine schwarze Krümmelchen auf dem Fell liegt. Tupft man diesen Flohkot mit einem feuchten, weißen Küchenpapier auf, verfärbt er sich rot. Dies sind die Blutbestandteile des Flohkots.
- **Behandlung** Gegen Flöhe gibt es sehr wirksame Präparate, die als Tropfenlösung auf den Widerrist aufgetragen werden.
  Flohpulver ist nicht zu empfehlen. Die Katze würde es auflecken, wenn sie sich putzt.
- **Vorsicht!** Bei Flohbefall ist es wichtig, die Katze zu entwurmen, da Flöhe Bandwurmeier übertragen können.

Zecken

Freilaufende Katzen holen sich bei der Pirsch durchs hohe Gras in den Sommermonaten regelmäßig Zecken, auch Holzböcke genannt.

- **Ursache** Zecken sitzen im Unterholz und in hohem Gras. Durch ihren Geruchssinn orten sie Katze und Mensch und lassen sich auf ihr

Opfer fallen. Sie saugen sich dann voll und lassen sich dann, sofern sie nicht entfernt wurden, nach einiger Zeit wieder fallen.

- **Symptome** an der Einstichstelle zeigt sich eine Rötung und Schwellung. Die Zecke verursacht oftmals einen latenten Juckreiz, so das die kratzende Katze den Plagegeist verrät.
- **Behandlung** Man kann sie mit Hilfe einer Zeckenzange, leicht entfernen. Wichtig ist dabei, immer in der selben Richtung zu drehen. Dabei muss darauf geachtet werden, dass der Kopf nicht abreißt, da es sonst zu starken Entzündungen kommen kann. Es gelingt am leichtesten, wenn die Zange immer in die gleiche Richtung gedreht wird, bis die Zecke loslässt. Sollte doch ein Rest der Zecke zurückbleiben, muss dieser in einigen Fällen chirurgisch entfernt werden.

Läuse, Haarlinge und Co.

Weitere, seltenere Ektoparasiten sind Läuse, Haarlinge und Milben. Die genaue Unterscheidung kann aber nur der Tierarzt vornehmen und die entsprechende Behandlung einleiten.

Häufiges Kratzen weist oftmals auf Parasitenbefall hin.

Auch dieses gemütliche Plätzchen sollte gereinigt werden, da sich Floheier und Pilzsporen auch in der Umgebung der Katze befinden.

Parasitenbekämpfung

Die Bekämpfung der Parasiten sollte in jedem Fall sehr gründlich vorgenommen werden, auch die Eier und Sporen dürfen nicht vergessen werden. Diese befinden sich überall in der Wohnung, wo sich die Katze aufhält. Die Grundreinigung erfolgt mit dem Staubsauger. Decken, Kissen u.ä. sollten so heiß wie möglich gewaschen werden. Eventuell muss die Wohnung mit einem Spezialpuder oder Spray behandelt werden. Sie sollten hierbei Zimmer für Zimmer durchgehen und darauf achten, dass sich während dieser Zeit kein Tier in diesem Bereich aufhält. Insektizide können auch für Ihre Heimtiere gefährlich werden!

› **Vorbeugung** Regelmäßige Fellpflege ist eine wirksame Vorbeugung gegen äußeren Parasitenbefall. Gute Dienste leisten hierbei eine Bürste mit Naturborsten, ein kleiner Kamm, eine Drahtbürste und gegebenenfalls ein Staubkamm. Die Fellpflege sollte wenigstens zweimal in der Woche erfolgen. Sollte Ihre Katze einmal besonders schmutzig sein, können Sie sie mit einem feuchten Lappen abputzen. Ein Bad ist nicht unbedingt zu empfehlen.

Pilzbefall

› **Ursache** Eine weitere häufige Ursache für Hauterkrankungen ist Pilzbefall, der relativ schnell durch zahlreiche Sporen übertragen wird. Immunsystemgeschwächte Katzen sind dafür empfänglicher als gesunde, kräftige Katzen.

› **Symptome** sind oft einhergehender Haarausfall, schuppige Haut und teilweise Juckreiz.

› **Behandlung** Da diese Erkrankung auf Menschen sowie auf Hunde und Hasen übertragbar ist (oft einhergehend mit Haarausfall) und es andererseits eine Unzahl von Pilzarten gibt, gehört diese Erkrankung in die fachmännische Behandlung des Tierarztes. Zunächst muss eine Pilzbestimmung vorgenommen werden, dann kann die gezielte Behandlung beginnen.

Innere Parasiten

Band- und Spulwürmer sind oftmals unerkannte Schmarotzer im Darm der Katzen, wobei vor allem Jungtiere darunter zu leiden haben.

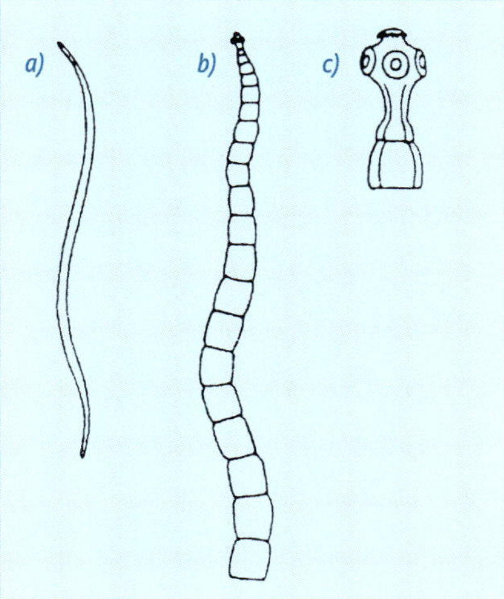

Innere Parasiten:
a) Spulwurm
b) Bandwurm
c) Bandwurmkopf

Würmer

› **Ursache** Einer der häufigsten Schmarotzer ist der bis zu 10 cm lange Spulwurm, der bei einem starken Befall einen beträchtlichen Teil der Nährstoffe, insbesondere die lebenswichtigen Vitamine, dem Darminhalt entziehen kann.

› **Symptome** Erkennen können Sie den Wurmbefall am Abmagern Ihrer Katze trotz ausreichender Ernäh-

Beim Putzen kann sie schon den ein oder anderen Floh erwischen, der ein Zwischenwirt und Überträger von Bandwürmern ist.

rung und an Veränderungen des Haarkleides. Die Spulwürmer finden Sie im Kot, die Bandwürmer werden mitunter erbrochen.

› **Behandlung** Eine sichere Diagnose liefert eine Kotuntersuchung, die der Tierarzt durchführt. Hierzu bringen Sie ihm bitte drei Kotproben von drei aufeinander folgenden Tagen, eine in etwa teelöffelgroße Menge pro Probe reicht. Er berät Sie auch über die richtige Wurmkur.

› **Übertragung** Die mikroskopisch kleinen Spulwurmeier können mit den Schuhen in die Wohnung getragen werden und so selbst Wohnungskatzen mit Spulwürmern infizieren. Dagegen benötigen Bandwürmer einen Zwischenwirt, der die Wurmeier aufnimmt. Erst durch den Verzehr des Zwischenwirtes, wobei Flöhe, Mäuse und Ratten in Frage kommen, kann sich die Katze infizieren. Des Weiteren wären noch die Hakenwürmer zu nennen.

› **Routinemäßige Wurmkur** Die modernen Wurmmittel werden von Ihrer Katze in der Regel gut vertragen. Die Behandlungsabstände richten sich nach den Haltungsbedingungen. Wenn Sie kleine Kinder haben, ist ein regelmäßiges Entwurmen wichtig. Eine reine Wohnungskatze muss nicht routinemäßig entwurmt werden, es sei denn, sie hatte Kontakt zu anderen Katzen (Katzenpension). Ein Freiläufer, der Mäuse frisst oder Flöhe hat, sollte mindestens alle drei Monate entwurmt werden. Eine Wurmkur hat übrigens keine vorbeugende Wirkung, sondern tötet nur vorhandene Würmer ab. Ei- und Larvenstadien werden nicht erfasst. Deshalb sollte nach ungefähr zwei Wochen die Wurmkur wiederholt werden, um auch die Larven zu erreichen.

› **Katzenwelpen** Wichtig ist die Entwurmung von Katzenwelpen, da sie sich bereits über die Muttermilch mit Spulwurmlarven anstecken können. Daher sollten in der zweiten, vierten, sechsten, achten, zehnten und zwölften Lebenswoche die Welpen mit einem geeigneten Präparat (z.B. Pyrantel) entwurmt werden. Die Mutter sollte, solange sie die Welpen gesäugt, mit entwurmt werden. In Problemfällen können Welpen auch in der 1. Lebenswoche entwurmt werden.

Bei der Pirsch durchs Unterholz werden manchmal auch unliebsame „Mitbewohner" „erbeutet".

Epilepsie

- **Ursache** Epilepsie ist an den Schluss der Infektionskrankheiten gestellt, weil sie zwar auch durch Infektionskrankheiten (z.B. Toxoplasmose) bedingt sein kann, aber viele weitere Ursachen hat. Zu den Ursachen zählen Kreislaufstörungen, Vergiftungen, Stoffwechselstörungen und Gehirntumore. Es gibt aber auch die sogenannte idiopathische Epilepsie, bei der keine Ursache gefunden werden kann. Wichtig ist deshalb zunächst bei Auftreten eines epileptischen Anfalls die Abklärung der Ursache.
- **Symptome** Solch ein Anfall kann von folgenden Symptomen gekennzeichnet sein: Krämpfe, rudern mit den Beinen, Bewusstseinsverlust, Kot- und/oder Urinverlust, sowie starkes Speicheln. Die Katze ist nicht mehr ansprechbar. Ein Anfall dauert meist ein paar Minuten. Anschließend ist die Katze wieder normal, aber wirkt längere Zeit noch etwas benommen.
- **Behandlung** Wird Epilepsie bei ihrer Katze festgestellt, ist dies noch kein Grund zu verzweifeln. Heutzutage kann man diese Krankheit mit Tabletten ganz gut in den Griff bekommen. Lassen Sie sich bei wiederholten Anfällen Beruhigungsmittel geben. Sie sollte aber nicht unbehandelt bleiben, weil bei jedem Anfall sehr viele Gehirnzellen absterben.
- **Sofortmaßnahmen** Schützen Sie sich und ihre Katze vor Verletzungen. Versuchen Sie sie in eine Decke oder ein Handtuch einzuwickeln. Vermeiden Sie grelles Licht sowie Lärm. Dauert ein Anfall länger als fünf Minuten oder kommt es zu wiederholten Anfällen, muss die Katze zum Tierarzt gebracht werden. Nicht vergessen: den Transportkäfig dabei gut auspolstern.

Nach einem epileptischen Anfall ist die Katze apathisch.

Ein Fall aus Dr. Wolfs Tiersprechstunde

> Neugeborene Bengalkatzen

Der Fall

Ich mache heute einen Hausbesuch bei einem „kleinen Schneeleoparden", eine von asiatischen Wildkatzen abstammende, wunderschöne Rassekatze, die Bengalkatze. Frau Fels und ihr kleiner Sohn Frederick waren mit Kätzin Lysann schon vor einigen Wochen bei mir in der Praxis. Sie sorgten sich, weil ihre eineinhalbjährige Katze leicht zugenommen hatte und einen ungebrochenen Appetit zeigte. Sollte da etwa der acht Monate alte Mitbewohner, Kater Mao von Sohn Frederick, nicht ganz unschuldig sein? So war es denn auch und deshalb mache ich auch heute einen Besuch beim inzwischen schon zwei Monate alten Nachwuchs des „Schneeleoparden". Frau Fels ist besorgt, weil die kleinen Kätzchen, die zwischenzeitlich schon von der Muttermilch entwöhnt sind, momentan etwas Durchfall haben.

Die Untersuchung

Nachdem ich mich vom guten Gesundheitszustand der gesamten Katzenfamilie überzeugt habe, möchte ich allen eine Wurmkur verabreichen.

Die Diagnose

Wurmbefall mit Katzenspulwürmern (Toxocara mystax).

Die Behandlung

Nacheinander bekommen alle Katzen mittels einer Spritze, natürlich ohne Nadel, das nicht gerade gut schmeckende Entwurmungsmittel in das Mäulchen gespritzt.

Die Ursache

Selbst wenn Katzen zu Hause geboren werden und noch nie Außenkontakt hatten, können sie schon von Katzenspulwürmern befallen sein. Larvenstadien der Katzenspulwürmer können nämlich auch durch die Muttermilch auf die Kätzchen übertragen werden. Sogar über die Kolostralmilch, die erste Muttermilch, die die neugeborenen Kätzchen trinken, können die Parasiten auf die nachfolgende Generation übertragen werden.

Die Genesung

Der Durchfall der jungen Kätzchen kann durch die Wurmkur schlagartig aufhören.

Mein Rat

Neugeborene Kätzchen sollten unbedingt mehrmals im Abstand von jeweils zwei bis drei Wochen entwurmt werden. Später findet die Entwurmung bei Freigängern alle drei Monate statt, bei reinen Wohnungskatzen einmal pro Jahr.

Erkrankungen der Sinnesorgane

Die Haut

Die Haut ist das Organ, das am frühesten Auskunft über die innere als auch über die äußere Gesundheit und die Psyche unserer Katze gibt. Wenn sie unglücklich ist oder sich nicht geliebt fühlt – vielleicht, weil sich in der Familie etwas geändert hat, der Partner ausgezogen ist oder ein Kind geboren wurde –, kann es zu Schuppenbildung, Haarausfall und anderen Hautveränderungen kommen. Sie sollten also nicht nur die akute Erkrankung durch den Tierarzt behandeln lassen, sondern auch überlegen, welche psychischen Ursachen zugrunde liegen können. Ein ungepflegtes Fell stellt sich insbesondere bei Langhaarkatzen ein, die sich nicht ausreichend pflegen können. Sei es, dass sie Zahnprobleme haben, dass sie zu dick sind, um sich putzen zu können, dass sie eine Maulverletzung haben oder anderweitig krank sind.

Dann ist es an Ihnen, dieses Fellproblem durch Kämmen und Bürsten – auch ein feuchter Lappen kann hier gute Dienste leisten – zu lindern. Verfilztes Haar sollte mit einem Staubkamm entfernt oder herausgeschnitten werden. Bei manchen Katzen ist das Fell aber bereits so verfilzt, das nur eine Schur beim Tierarzt hilft.

Haarausfall durch Pilze

- **Ursache** Bei Haarausfall sollte immer an eine Pilzerkrankung gedacht werden, muss aber nicht immer Folge einer Pilzerkrankung sein. Er kann ebenso die allergische Reaktion gegenüber einem Futtermittel, Flohspeichel, Hausstaubmilben, Pflanzenpollen oder einem neuen Putzmittel sein oder seinen Grund in einseitiger oder unzureichender Ernährung haben.
- **Symptome** Meist stellt sich ein kreisrunder Haarsausfall dar, auch „Ringworm“ genannt. Diese Stellen breiten sich vor allem im Gesicht und an den Pfoten aus und sind für andere Katzen sowie Menschen ansteckend. Katzen hingegen, die eine Allergie haben, weisen auch einen starken Juckreiz auf.
- **Behandlung** Wichtig ist eine konsequente Behandlung. Erschrecken sie nicht, wenn der Tierarzt Ihnen sagt, dass die Katze kahlgeschoren werden muss. Oftmals ist die Pilzerkrankung anders nicht in den Griff zu bekommen.

Bei Allergien muss ausgetestet werden, wogegen das Tier allergisch ist.

Haarausfall durch hormonelle Störungen

- **Ursache** Auch hormonelle Störungen können zu Haarausfall führen.
- **Symptome** Dabei kommt es meist

Ständiges Lecken kann auf eine Hauterkrankung oder eine psychische Störung hinweisen.

zu kahlen Stellen am Bauch und/oder Rücken, sowie an den Innen- und Hinterseiten der Oberschenkel. Die Katze hat keinen Juckreiz.

- **Behandlung** Im Falle einer hormonellen Störung können Hormone verabreicht werden.

Psychogener Leckreiz

- **Ursache** Es gibt aber auch den psychogenen Leckreiz, der psychische Ursachen hat.
- **Symptome** Die Katze leckt sich zwangsweise so lange, bis sie kahle Stellen aufweist.
- **Behandlung** Auch hier kann mit Medikamenten geholfen werden. Der Tierarzt hilft Ihnen, die Ursache herauszufinden.

Miliares Ekzem

Bei vielen Katzen tritt jahreszeitlich bestimmt ein sogenanntes Miliares Ekzem auf.

- **Symptome** Dabei können sich kleinste Knötchen und Schorf über den ganzen Körper ausbreiten.

Eosinophiles Granulom

- **Symptome** Veränderungen am Übergang Haut/Schleimhaut weisen auf ein Eosinophiles Granulom hin. Hierbei kommt es zu geschwürartigen Veränderungen im Bereich der Lippen und Maulhöhle.
- **Behandlung** Diese Krankheit gehört zu den Immunkrankheiten und erfordert eine lebenslange Kortisontherapie.

Dr. Wolfs Praxis-Tipp

Wichtig ist die richtige Diagnose. Gehen sie deshalb bitte zu einem Tierarzt, der auf Hauterkrankungen spezialisiert ist (Tierärztekammern fragen)! Nicht selbst an der Hautveränderung herumdoktern und Cremes auftragen. Der Tierarzt muss sich ein Bild über den Originalzustand der Haut machen können, um zu einer Diagnose zu gelangen.

Nase und Atmungssystem

Eine gesunde und ruhende Katze atmet zwischen 20- und 30 mal in der Minute. Achten Sie darauf, dass sie sowohl mit dem Brustkorb als auch mit dem Bauch atmet. Die reine Bauchatmung ist ein Indiz für eine Erkrankung im Bereich des Brustkorbes, wie z. B. Lungenentzündung, Rippenfellentzündung, oder dass eine gebrochene Rippe etc. vorliegen kann. Andererseits deutet die reine Brustatmung auf eine Erkrankung im Bauchbereich, wie Zwerchfellentzündung, Leberentzündung, Bauchfellentzündung etc., hin. Die notwendige Abklärung muss beim Tierarzt röntgenologisch erfolgen.
Die Krankheitsverläufe im Bereich des Atmungssystems erinnern an diejenigen beim Menschen. Sie können, je nach Schweregrad, den gesamten Atemapparat betreffen. Doch zum Glück sind die meisten Atemwegserkrankungen weniger dramatisch.

Erkältung

- **Ursache** Oftmals eine akute Infektion durch Viren, meist ohne bakterielle Beteiligung.
- **Symptome** Klarer wässriger Ausfluss aus beiden Nasenlöchern, häufiges Niesen.
- **Selbsthilfe** Als Heilmittel für einen einfachen, nicht eitrigen Schnupfen hat sich das Inhalieren bewährt. Sie setzen zunächst die Katze in ihre Transportkiste. Sodann nehmen Sie das vom Tierarzt empfohlene Präparat und lösen es, nach Gebrauchsanweisung, in einem Topf mit heißem Wasser auf. Stellen Sie die Transportkiste mit der Katze in einen kleinen und gut beheizten Raum und stellen Sie den Topf vor das Türchen der Transportkiste. Bedecken Sie die Kiste und den Topf mit einem großen Tuch, am besten mit einem Badetuch, so dass die Katze die heilsamen Dämpfe einige Minuten einatmet.
- **Vorsicht** Stellen Sie nie den Topf mit dem heißen Wasser in die Katzentransportkiste! Durch unruhige Bewegungen könnte sich die Katze verbrühen.
  Nach dieser Prozedur achten Sie bitte darauf, dass die Katze einige Zeit an einem warmen Ort verweilt. Im übrigen sollten Sie bei allen Atemwegserkrankungen darauf achten, dass der Patient seinen warmen und geschützten Platz nach Möglichkeit nicht verlässt und ganz besonders nicht nach draußen geht.
- **Behandlung** Falls es sich um ein klares Sekret handelt und keine anderen Symptome vorhanden sind, kann man zwei bis drei Tage abwarten. Wenn keine Besserung eintritt, muss die Katze zum Tierarzt.

Fremdkörper in der Nase

- **Ursache** Fremdkörper in der Nase sind oft organischer Natur (Zweige, Gräser oder Grannen) und werden beim Schnüffeln oder Spielen aufgenommen. Insbesondere die Grannen können aufgrund ihrer Widerhaken nur aufwärts wandern.
- **Symptome** Im akuten Fall niesen die Katzen häufig, machen Abwehrbewegungen und versuchen sich mit Hilfe ihrer Pfötchen des vermeintlichen Hindernisses zu entledigen. Fremdkörper verursachen nach einigen Tagen einen Ausfluss, dieser ist zunächst einseitig und klar, kann dann aber eitrig werden und aus einem oder beiden Nasenlöchern austreten.
- **Behandlung** Nur falls man ganz sicher ist, den Fremdkörper im Ganzen entfernen zu können und die Katze es zulässt, kann man es selbst versuchen. Die Gefahr, dass der Fremdkörper dabei abbricht, ist groß. Deshalb ist es besser, die Katze sofort dem Tierarzt vorzustellen.

Nasenbluten

Wichtig ist, zwischen einseitigem und beidseitigem Nasenbluten zu unterscheiden.

- **Ursache** Das einseitige Nasenbluten wird meist durch lokale Ursachen hervorgerufen. Hierzu gehören Fremdkörper in der Nasenhöhle, Tumore und Infektionen. Beidseitiges Nasenbluten hat meist allgemeine Ursachen. Hierzu gehören Vergiftungen (z.B. durch Cumarin oder Östrogene), Blutgerinnungsstörungen, Tumore, Leberkrankheiten, Infektionen und Störungen des Immunsystems. Oftmals kann aber die Blutmenge nicht genau eingeschätzt werden, weil der größte Teil des Blutes abgeschluckt wird und somit nicht augenfällig ist.
- **Symptome** Nasenbluten, Blutkrusten unter der Nase.
- **Behandlung** Zur Selbsthilfe kann man kalte Kompressen (Kühlkissen oder in ein Handtuch eingewickeltes Eis) in den Nacken legen. Generell sollte eine Katze mit Nasenbluten ohne erkennbare Ursache oder bei häufig auftretenden Nasenbluten, einem Tierarzt vorgestellt werden.

Dr. Wolfs Praxis-Tipp

Sollte hingegen nur ein Nasenloch betroffen sein und der Ausfluss ist milchig bis gelblich, muss man an einen Fremdkörper, einen Tumor oder eine Infektionskrankheit denken und die Katze muss dem Tierarzt vorgestellt werden.

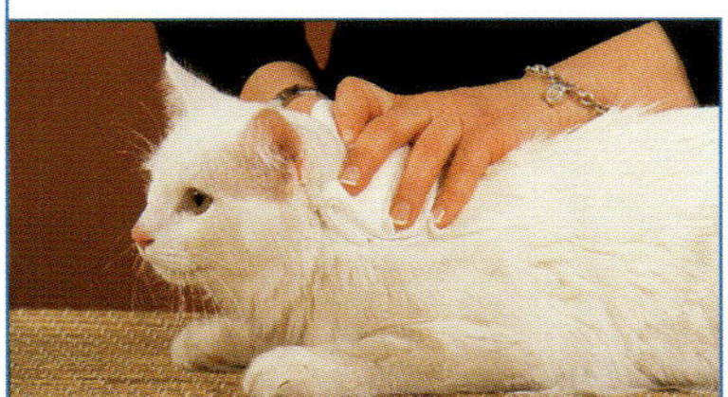

Ähnlich wie beim Menschen helfen auch hier kalte Tücher im Nacken gegen Nasenbluten.

› Epilepsie S. 64

Die Ohren

Gutes Hören ist, besonders für Freiläufer oder frei lebende Katzen, lebenswichtig. Deshalb sollten Ohrenprobleme nicht auf die leichte Schulter genommen werden. Jede Entzündung des Ohres ist gefährlich, denn das Trommelfell kann dabei verletzt werden. Dadurch kann auch der Gleichgewichtssinn, der im Innenohr seinen Sitz hat, in Mitleidenschaft gezogen werden. In extremen Fällen sind epileptische Abfälle (s. Kap. Epilepsie S. 64) möglich, von den Schmerzen, welche die Katze bei einer Ohrenentzündung hat, ganz zu schweigen. Noch ein Wort zum Ohrenputzen: Früher wurde dies empfohlen. Heute weiß man, das es unnötig ist, weil sich das Ohr selbst reinigen kann. Eine gesunde Katze wird sich die Ohrmuschel putzen, lediglich wenn Sie dazu nicht mehr in der Lage ist, kann die innere Ohrmuschel (und nur die!) mit einem Taschentuch vorsichtig geputzt werden. Auf keinen Fall sollte mit einem Wattestäbchen im Ohr herumhantiert werden.

Fremdkörper im äußeren Gehörgang

- **Ursache** Bestimmte Fremdkörper haben nicht nur die Eigenschaft, sich im Gehörgang festzusetzen, sondern wandern in Richtung Trommelfell. Hierzu gehören v.a. Grannen, die sich aufgrund ihrer Widerhaken tiefer und tiefer in den Gehörgang einarbeiten. Ebenfalls gehören Käfer und Insekten dazu, die oftmals rückwärts nicht mehr herauskommen. Manchmal stecken auch kleine Kinder der Katze etwas in die Ohren.
- **Symptome** Die betroffene Katze schüttelt und kratzt sich. Das betroffene Ohr ist schmerzhaft und wird nach unten gehalten, was zu einer Kopfschiefhaltung führt. Nach relativ kurzer Zeit entwickelt sich eine Ohrentzündung.
- **Behandlung** Wenn der Fremdkörper zu sehen ist, kann man versuchen, ihn mit den Fingern oder einer Pinzette herauszuziehen. Lässt er sich aber nicht mühelos entfernen, bitte keine weiteren Versuche unternehmen und zum Tierarzt gehen. Das Ohr der Katze ist sehr empfindlich und das Trommelfell kann leicht durchstoßen werden.

Blutblase am Ohr

- **Fachbegriff** Othämatom Blutblasen am Ohr sind bei der Katze selten und treten häufiger beim Hund auf.
- **Ursache** Wenn ein Blutgefäß

platzt und das Blut sich zwischen der Haut und dem Knorpel ansammelt, entsteht eine Blutblase. Die Ursache hierfür kann ein Kampf, ständiges Reiben oder Kopfschütteln aufgrund von Milben oder einer Ohrinfektion sein.

- **Symptome** Bei einer großen Blase am Ohr handelt es sich vermutlich um ein Othämatom.
- **Behandlung** Der Tierarzt muss die Flüssigkeit absaugen und das Ohr so fixieren, das sich nicht wieder Flüssigkeit ansammeln kann. Dies geschieht unter Narkose.

Mittel- oder Innenohrentzündung

- **Fachbegriff** Otitis media und Otitis interna
- **Ursache** Zu einer Mittel- oder Innenohrentzündung kommt es, wenn sich eine Erkrankung des äußeren Gehörganges auf das Mittelohr ausgebreitet hat. Es handelt sich um eine Entzündung, die hinter dem Trommelfell liegt.
- **Symptome** Dies ist für die Katze sehr schmerzhaft und gefährlich. Das Gehör kann bleibende Schäden davontragen, die zur Taubheit führen. Im Innenohr befinden sich die Gleichgewichtsorgane. Durch eine Entzündung können diese empfindlich gestört werden, was bei der Katze zu ernsthaften Gleichgewichtsstörungen führt.
  Das hat zur Folge, dass die Katze taumelig läuft und/oder den Kopf schief hält. Später fängt sie an im Kreis zu laufen und schließlich mag sie sich gar nicht mehr bewegen. Die Katze wird sich dann nur sehr ungern im Bereich des Kopfes berühren lassen.
- **Behandlung** Bei einem Verdacht solte die Katze schnellstmöglich zum Tierarzt gebracht werden. Je früher eine Mittel- oder Innenohrentzündung behandelt wird, umso besser sind die Heilungschancen.

Ist der Fremdkörper gut sicht- und greifbar, kann man ihn vorsichtig mit einer Pinzette entfernen.

Ohrmilben

- **Ursache** Verantwortlich für Ohrenprobleme sind in den meisten Fällen Ohrmilben.
- **Symptome** Hierbei fällt ein brauner, bröckeliger Belag in den Ohren auf. Die Katze schüttelt den Kopf oder legt die Ohren an und sie kratzt sich verstärkt.
- **Behandlung** Der Tierarzt wird ein Medikament gegen Ohrmilben verabreichen.

Die Mundhöhle

Die Zunge der Katzen ist sehr rau und mit kleinen Widerhäkchen versehen. Dadurch wird die Fellpflege und auch die Nahrungsaufnahme erleichtert. Dies erhöht aber auch die Schwierigkeit, einen beim Spielen oder Fressen ungewollt aufgenommenen Fremdkörper auszuspucken. Besonders Katzenwelpen und jüngere, unerfahrene Katzen sind hier gefährdet.

Fremdkörper

- **Ursache** Fremdkörper im Maul oder Rachen. Man spricht auch vom „Stöckchentrauma".
- **Symptome** für einen Fremdkörper sind dadurch erkennbar, dass die Katze speichelt und vehement versucht, sich selbst von diesem Gegenstand zu befreien. Sie würgt und streicht sich mit den Pfoten verzweifelt um das Maul oder kaut übertrieben auf etwas Unsichtbarem herum.

Außerdem kann der Fremdkörper Mundgeruch und/oder starken Speichelfluss auslösen, der sich nach einiger Zeit blutig färben kann. Ein Hinweis kann auch sein, dass die Katze aus dem Maul blutet oder dass sie sich bei dem Versuch, den Fremdkörper zu entfernen, im Gesichtsbereich mit ihren Krallen verletzt hat.

Mit zunehmender Zeit wird die Katze das Futter verweigern. Ein Fremdkörper in der Mundhöhle ist für sie schmerzhaft, weil es hierbei zu Einrissen der Schleimhaut kommen kann. Falls der Fremdkörper unbemerkt bleibt, reagiert der Körper mit einer Entzündung auf diesen Reiz. Schlimmstenfalls bildet sich ein Abszess heran. Hierbei wird der Fremdkörper von einer mit Eiter gefüllten Kapsel umschlossen.

- **Diagnose** Zur Untersuchung der Maulhöhle brauchen Sie eine zweite Person, die Ihnen hilft. Am besten wickeln Sie die Katze fest in ein Handtuch ein, so dass nur der Kopf herausschaut und setzen sie auf den Tisch. Wichtig ist ein gutes Licht, am besten von einer stabförmigen Taschenlampe, mit der direkt in die Maulhöhle geleuchtet werden kann.
- **Behandlung** Ist der Fremdkörper komplett zu sehen und kann auch im Ganzen gut herausgezogen werden, kann man versuchen, ihn vorsichtig mit einer Pinzette entfernen. Im Zweifelsfall suchen sie den Tierarzt auf.
- **Vorsicht** Stecken Sie bitte niemals den Finger in das Maul, denn auch die liebste Katze wird zubeißen! Bei abgeschluckten Fremdkörpern wie Fäden oder Schnüren niemals selbst versuchen, diese herauszuziehen oder abzuschneiden. Dies kann zu einer Darmauffädelung führen.

Die Zähne

Das Gebiss der ausgewachsenen Katze besteht in der Regel aus 30 Zähnen (jeweils 6 Schneidezähne oben und unten, 2 Reißzähne oben und unten, 8 Backenzähne oben und 6 Backenzähne unten). Die junge Katze hat 26 Milchzähne, die im Alter von zwei bis drei Wochen erscheinen. Der Zahnwechsel erfolgt im Alter von ca. sechs Monaten.

Zahnerkrankungen

- **Ursache** Die zum Fleischfressen besonders geeignete Zahnstellung hat den Nachteil, dass sich Beutereste, feste Nahrungsbestandteile u. ä. zwischen den Zähnen festsetzen können. Das kann Zahnfleischentzündungen, nekrotische Veränderungen des Zahnfleisches und Zahnhalsentzündung mit möglichem Zahnverlust zur Folge haben. Ebenso ist der Zahnbelag ein Übel, denn die darin siedelnden Bakterien können Entzündungen hervorrufen. Als weitere Ursache für die oben genannten Symptome kommen die Begleiterscheinungen oder Folgen eines Katzenschnupfens, Leukose, FIV (Immunschwäche bei Katzen), Nierenversagen, Geschwürbildung im Maul- und Rachenraum sowie falsche Ernährung (Mineral- und Vitaminmangel) in Frage.

Bei dieser Katze kann man sehr gut die scharfen Zähne des Raubtiergebisses erkennen.

Symptome Symptomatisch für ein Problem im Bereich der Zähne und des Rachens ist, dass die Katze nicht mehr frisst. Der Speichelfluss ist auffällig, das Fell um das Maul ist verfärbt, der Speichel ist mit Blut gemischt. Ein verstärkter Geruch aus dem Maul sollte Sie darauf aufmerksam machen, dass irgend etwas nicht in Ordnung ist. Wenn Sie diese Feststellung über einen längeren Zeitraum machen, muss eine tierärztliche Abklärung erfolgen. Der Mundgeruch Ihrer Katze kann ein Hinweis darauf sein, dass eine Erkrankung der Niere vorliegt.

› *Nierenerkrankung* S. 104

Kein Krankheitssymptom ist es, wenn Ihre Katze während liebevollen Streichelns verstärkt speichelt. Es drückt aus, dass sich Ihr Vierbeiner im Moment bei Ihnen besonders wohl fühlt und ist daher als großes Kompliment für Sie zu interpretieren.

Dr. Wolfs Praxis-Tipp

Am besten gewöhnt man die Katze früh daran, sich die Zähne putzen zu lassen. Das erleichtert auch die Zahnkontrolle und reduziert die Zahnsteinbildung. Eine Zahnbürste und entsprechende Zahnpasta ist beim Tierarzt erhältlich.

Behandlung Kontrollieren Sie regelmäßig die Zähne und lassen Sie gegebenenfalls Zahnstein entfernen. Bei Ursachen wie Nierenerkrankungen wird Ihr Tierarzt sicher wissen, was zu tun ist.

Zahnbruch

Ursache Zähne können bei Katzen durch Autounfälle, Stürze aus großen Höhen oder durch das Beißen auf harte Gegenstände brechen. Der Zahn kann ganz oder teilweise abgebrochen sein. Durch Brüche im Bereich der Zahnkrone können das Innere des Zahnes freigelegt werden, wo sich die Pulpahöhle, Bindegewebe, Nerven und Blutgefäße befinden. Dies kann dazu führen, dass Keime tiefer eindringen können, was eine sehr schmerzhafte Entzündung verursacht.

Symptome Schmerzen, Fressunlust und Appetitlosigkeit, einseitiges Kauen.

Diagnose Bei einer Katze, die aus dem Fenster/Balkon gefallen ist oder die längere Zeit von zu Hause weg war, sollten Sie die Mundhöhle gründlich anschauen. Dazu setzt man die Katze am besten auf einen Tisch und leuchtet ihr mit einer Stabtaschenlampe in die Mundhöhle. Idealerweise hat man eine Hilfsperson dabei.

Behandlung Falls die Eigendiagnose nicht möglich ist oder die Katze sich anders als sonst verhält, suchen Sie im Zweifelsfall den Tierarzt auf. Bestätigt sich der Verdacht auf einen gebrochenen Zahn, gilt: je eher desto besser ist es, zum Tierarzt zu gehen! Wenn die Zahnfraktur noch „frisch" ist und sogar noch blutet, kann der Tierarzt versuchen, den Zahn zu retten, indem er eine Füllung macht. Bei älteren Zahnfrakturen muss dieser Zahn meistens gezogen werden.

Kieferbrüche

Besonders gefährdet sind hier die Freiläufer.

› **Ursache** sind häufig Unfälle, Kuh- oder Pferdetritte und Bissverletzungen. Bei Hauskatzen sind Stürze aus dem Fenster oder dem Balkon als Ursache anzusehen. Meistens ist der Unterkiefer betroffen. Den Unterkiefer muss man sich wie ein „V" vorstellen, das in der Mitte verbunden ist (Symphyse). An dieser Stelle kann es oft zu einer Fugenlösung kommen. Das heißt, die bindegewebige Verbindung in der Mitte zerreißt.

› **Symptome** Oftmals fällt dem Katzenbesitzer bereits der herunterhängende Unterkiefer auf oder aber es tritt Blut aus der Mundhöhle oder der Nase aus. Die langen Fangzähne stehen schief und greifen nicht mehr regelmäßig ineinander. Falls die Katze länger weg war, kann sie sich ganz gut mit einem Kieferbruch arrangieren, d.h., dem Besitzer fällt oft nur auf, dass sie „komisch" frisst. Die Katze wird versuchen den Kiefer einseitig zu belasten oder das Futter herunterzuschlingen. Sie lässt sich dann äußerst ungern in die Mundhöhle schauen.

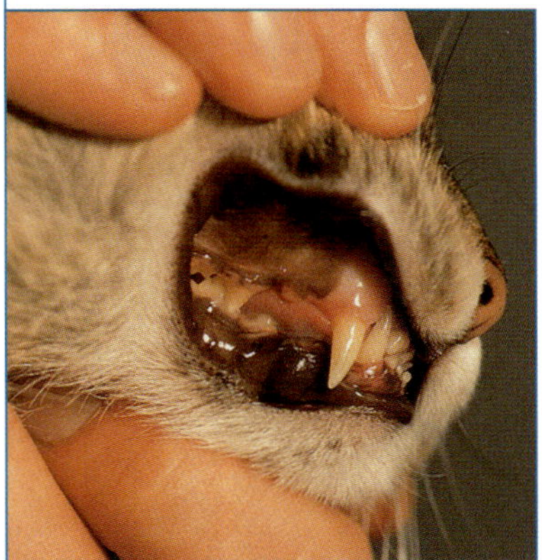

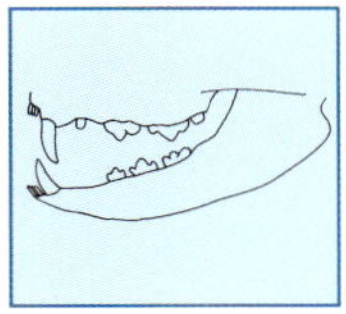

Regelmäßige Zahnkontrolle hilft rechtzeitig, Zahnprobleme oder -brüche zu erkennen. Zum Vergleich kann man einen Blick auf das Schema werfen: Das Gebiss besteht aus 12 Schneidezähnen, 4 Reißzähnen, und 14 Backenzähnen, wobei oben 8 und unten 6 Backenzähne vorhanden sind.

› **Behandlung** Bei Verdacht auf jeden Fall bis zum Tierarztbesuch nur Weichfutter verabreichen. Bei einer Katze, die aus dem Fenster/Balkon gefallen ist oder die längere Zeit von zu Hause weg war, sollten Sie die Mundhöhle gründlich untersuchen. Falls dies nicht möglich ist oder die Katze ein gestörtes Allgemeinbefinden aufweist, im Zweifelsfall den Tierarzt aufsuchen. Bei Verdacht auf Kieferbruch bitte die ganze Katze genau untersuchen, denn es liegt nur selten ein Kieferbruch alleine vor.

Die Augen

Das Katzenauge ist ein höchst kompliziertes, hoch entwickeltes und auch bei Nacht funktionierendes Sinnesorgan. Es verfügt über ein drittes Lid, welches unter anderem eine Schutzfunktion hat. Bemerkenswert ist, dass weiße Katzen mit blauen Augen häufig taub sind. Es gibt erbliche Augenveränderungen, so z. B. das Schielen einer Siamkatze.

Es können auch Fehlstellungen der Augenlider auftreten, die allerdings bei der Katze sehr selten sind. Ist das Unterlid einwärts gerollt, spricht man von einem Entropium. Dadurch wird das Auge, ebenso wie bei krankhaft nach innen gewachsenen Wimpern (Distichiasis), gereizt. Ist das Unterlid nach außen geklappt, ähnlich wie beim Basset oder Bernhardiner, spricht man von einem Ektropium. Dieses kann zu einer chronischen Bindehautentzündung führen.

Augenprobleme seiner Katze sollte man stets ernst nehmen. Ein lebensbedrohlicher Zustand besteht in aller Regel dabei nicht. Es sind vielmehr die bei Augenverletzungen auftretenden starken Schmerzen und womöglich der drohende Verlust des Sehvermögens, die ein rasches Handeln und eine gezielte Therapie erfordern. Deshalb sollte man bei Augenproblemen immer einen spezialisierten Tierarzt aufsuchen. Selbst ihm wird oftmals eine korrekte Diagnose schwer fallen und er wird bei starker Gegenwehr der Katze häufig eine Untersuchung erst nach einer Beruhigungsspritze vornehmen können. Ein Futterentzug von 6 Stunden vor dem Arztbesuch ist deshalb ratsam. Keinesfalls sollte man zu lange abwarten oder gar selbst zu einem Augenmedikament greifen, das vielleicht noch vom letzten Augenarztbesuch im Schrank steht.

Nachfolgende Ausführungen stellen die häufigsten Augennotfälle dar und sollen dem Tierbesitzer dabei helfen, nicht nur die ersten korrekten Maßnahmen einzuleiten, sondern auch zwischen dringenden Notfällen und chronischen Erkrankungen zu unterscheiden. Die häufiger auftretenden Krankheitsursachen werden zuerst genannt.

Ein Fall aus Dr. Wolfs Tiersprechstunde

› Katze mit Roll-Lid

Der Fall

Aufgrund eines tränenden Auges ist Frau Zimmermann mit Kater Salomon bereits zum zweiten Mal in meiner Praxis.

Die Untersuchung

Ich öffne das fest zugekniffene Auge des Kätzchens. Deutlich kann man am unteren Augenrand einen angesammelten Schleimrand sehen.

Die Diagnose

Kater Salomon leidet an einem sogenannten Roll-Lid, welches operativ behoben werden muss. Ansonsten besteht die Gefahr, dass die Hornhaut, ausgelöst durch die ständige Reibung beim Lidschlag, getrübt wird, was bis zur Erblindung führen kann.

Die Behandlung

Da das Kätzchen nüchtern ist, kann es sofort narkotisiert werden. Bei einer Augenoperation, die peinlichst genau unter aseptischen Bedingungen, also mit Haube, Mundschutz und Tüchern durchgeführt wird, entferne ich ein halbmondförmiges Stückchen Haut unter dem Lid. Anschließend wird die Wunde so vernäht, dass die Haut gerafft wird und das Lid sich somit in die richtige Lage ziehen kann. Zum Schluss wird der Operationserfolg mit Hilfe einer Lupe kontrolliert. Mit einem Wattestäbchen soll noch einige Tage eine Augensalbe auf die frische Operationswunde aufgetragen werden. Um das Auge nicht zu reizen, müssen die haarfeinen Operationsfäden sorgfältig vom Auge weg nach unten gekämmt werden. Abschließend werden in zehn Tagen die Fäden gezogen.

Die Ursache

Tränende Augen bei einer Katze können ganz verschiedene Ursachen haben. Möglich ist eine bakterielle Infektion des Auges, eine Bindehautentzündung oder eine Entzündung, die durch einen Fremdkörper verursacht wird. Bei Kater Salomon kratzten bei jedem Lidschlag die Wimpern des unteren Lids auf der Hornhaut und verursachten so eine Entzündung.

Die Genesung

Wenn die Wunde vernarbt ist, wird es hoffentlich so bleiben, dass der untere Lidrand ganz normal an der Hornhaut aufliegt.

Mein Rat

Auf keinen Fall sollte der Kopf einer narkotisierten Katze auf einer kuscheligen Wolldecke oder einem Handtuch, sondern auf einem fusselfreien Papier liegen. Da bei Katzen der Lidreflex unter Narkose völlig ausgeschaltet ist, sind ihre Augen in diesem Zustand weit geöffnet. Die Fussel einer Wolldecke könnten eine Bindehautentzündung verursachen.

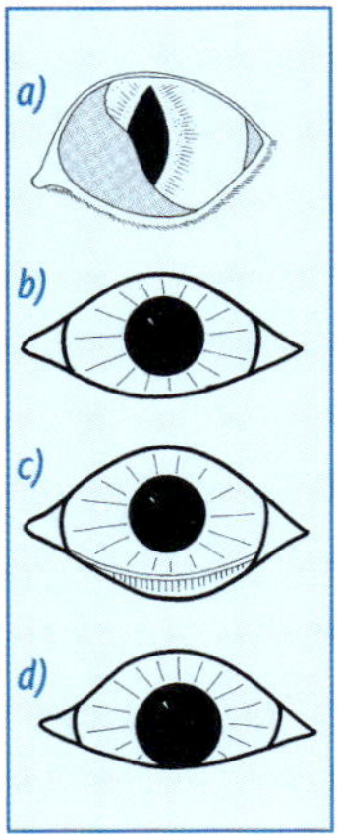

a) Nickhautvorfall
b) Gesundes Auge
c) Ektropium (auswärts geklapptes Unterlid)
d) Entropium (einwärts gerolltes Unterlid)

Nickhautvorfall

Katzen verfügen im Gegensatz zum Menschen über ein drittes Augenlid. Dieses wird Nickhaut genannt. Aus mehreren Gründen kann es zu einem Vorfall kommen. Hierbei wird zwischen ein- und beidseitigem Vorfall unterschieden. Allgemein lässt sich sagen:

- **Vorkommen** Häufig
- **Ursache** Bei starkem Wurmbefall kann es beidseitig zu einem Vorfall kommen. Erkrankungen des Nervensystems führen meist zu einem einseitigen Vorfall. Weitere Ursachen für einen Vorfall: Abnahme des Orbitafetts (Fett der Augenhöhle) durch starke Abmagerung und Austrocknung der Katze, ein vergrößertes Orbitavolumen durch Entzündungen und Tumore, sowie vom Auge ausgehende Schmerzen.
- **Symptome** Das „Hochrutschen" des dritten Lides ist im Auge zu erkennen.
- **Behandlung** Da die Ursachen so vielfältig sind, bedarf es einer genauen Abklärung durch den Tierarzt.

Hornhautverletzung

- **Vorkommen** Häufig
- **Ursache** Hornhautverletzungen kommen besonders bei Freilaufkatzen oder bei mehreren Wohnungskatzen vor. Sie entstehen vor allem bei Raufereien untereinander, wobei die Hiebe immer gegen den Kopf gerichtet sind. Die oft messerscharfen Krallen schlitzen die Hornhaut spielend auf und können sogar so tief eindringen, dass sie die Linse verletzen. Als weitere Ursache kommen Schussverletzungen durch ein Diabolo in Betracht.
- **Symptome** Die unter großen Schmerzen leidende Katze zieht sich zurück, kneift das Auge zu und lässt sich am Kopf kaum anfassen. Die Hornhaut erscheint stellenweise milchig, gelegentlich kann in der engen Lidspalte ein gelbbräunlicher oder grauer Pfropf, manchmal auch eine gallertartige Masse sichtbar sein.
- **Behandlung** Suchen Sie sofort einen spezialisierten Tierarzt auf, der die Katze in Narkose untersuchen und gegebenenfalls röntgen wird und entscheidet, ob die Hornhautwunde genäht werden kann. Bei Schussverletzungen ist das Auge leider meist nicht zu erhalten. Sollte das Auge derart verletzt sein, dass es nicht mehr zu retten ist, sieht die Katze auch mit einem Auge ausreichend.

Hornhautgeschwür

- **Fachbegriff** Ulcus corneae
- **Vorkommen** Häufig
- **Ursache** Ein Hornhautgeschwür ist eine nicht heilende Verletzung

Schau mir in die Augen... Egal, ob bernsteinfarben, grün oder blau: Die Augen machen die Katze erst richtig charismatisch.

der oberen Hornhautschichten, die durch Bakterien aufrecht erhalten wird. Unbehandelt nimmt solch ein Geschwür in Ausdehnung und Tiefe zu und kann sogar zum Aufplatzen und Auslaufen des Auges führen.

- **Symptome** Die Katzen kneifen das betroffene Auge mehr oder weniger zusammen und es ist manchmal bereits mit bloßem Auge eine Vertiefung oder ein „Krater" in der sonst glatten, uhrglasförmig gewölbten Hornhaut erkennbar.
- **Behandlung** Notfallmaßnahmen sind nicht erforderlich. Wegen der sehr schmerzhaften Veränderungen sollte innerhalb von 24 Stunden ein Tierarzt aufgesucht werden, der die Diagnose mit einem speziellen Farbstofftest (Fluorescein) erhärtet und die nötige Therapie einleitet. Die Heilungsaussichten sind gut.
- **Vorsicht** Auf keinen Fall sollte man zur Selbstbehandlung mit kortisonhaltigen Augenmedikamenten greifen. Obgleich es damit zunächst zu einer scheinbaren Verbesserung kommt, wird das Geschwür noch mehr verschlimmert und innerhalb weniger Tage läuft das Auge aus.

Entzündung der mittleren Augenhaut

- **Fachbegriff** Uveitis
- **Vorkommen** Häufig
- **Ursache** Medizinisch wird die Entzündung der mittleren Augenschicht (Uvea), zu der u.a. die Regenbogenhaut (Iris) gehört, als „Uveitis" bezeichnet. Als sehr ernst zu nehmender Auslöser der Uveitis gilt sowohl die FeLV-Infektion (Felines Leukosevirus) als auch die Feline Infektiöse Peritonitis (FIP).
- **Symptome** Oberflächlich betrachtet erscheint das betroffene Auge

getrübt und ohne Glanz. Die sonst leuchtende Farbe der Regenbogenhaut (je nach Rasse und Individuum grün, gelb, braun oder blau) wirkt im Vergleich zur anderen Seite blass und matt und Einzelheiten sind schlecht erkennbar. Manchmal kann die Pupille verengt sein. In besonders schweren Fällen sind weder die Pupille noch die Regenbogenhaut sichtbar und das Auge erscheint gerötet.

› **Behandlung** Notfallmaßnahmen sind nicht erforderlich. Ein spezialisierter Tierarzt muss die Ursache finden, die sehr vielgestaltig sein kann.

Blindheit

› **Vorkommen** Häufig
Eine scheinbar grundlose Erblindung kommt bei Katzen fast ausschließlich im fortgeschrittenen Alter (ab 12 Jahren) vor. Sie vollzieht sich langsam und wird meistens anfänglich nicht bemerkt, weil sich die blinde Katze in der ihr gewohnten Umgebung noch ausgezeichnet zurechtfindet.

› **Ursache** der Erblindung ist oftmals eine Ablösung der Netzhaut. Diese wiederum ist meist Ausdruck eines Bluthochdruckes, oftmals ausgelöst durch schwerwiegende Störungen des Herz-Kreislaufsystems sowie der Nieren- oder Schilddrüsenfunktion.

› *Herzerkrankungen S. 90*
› *Nierenerkrankungen S. 104*
› *Schilddrüsenstörungen S. 113*

› **Symptome** Eingeschränkte Bewegungsfreude und bei freilaufenden Katzen ein zunehmend häuslicheres Dasein sind die Verhaltensweisen einer erblindenden Katze. Dies wird vom Katzenbesitzer fälschlicherweise oftmals auf das fortgeschrittene Alter zurückgeführt.
Bei Veränderungen der gewohnten Umgebung der Katze (beispielsweise bei einem Wohnungswechsel oder bei einer Umstellung der Wohnungseinrichtung) fällt die Blindheit überraschend auf und wird dann oft als plötzliche Erblindung fehlgedeutet.

› **Behandlung** Eine eindeutige Diagnose kann nur der Tierarzt stellen. Für eine Therapie ist es leider oftmals zu spät und richtet sich dann vor allem gegen die Auslöser des Bluthochdruckes. Nur selten gelingt es, die Erblindung rückgängig zu machen.

› **Haltung** Es sei nochmals darauf hingewiesen, dass sich blinde Katzen in Wohnungen sehr gut zurechtfinden und jahrelang problemlos bei guter Lebensqualität verbleiben. Schmusen und Kuscheln kann die Katze auch ohne Sehfähigkeit. Es besteht also kein Grund, sich deshalb von seiner Samtpfote zu trennen.Es ist dann allerdings besonders wichtig, dass die Katze in ihrer gewohnten Umgebung bleiben darf, wo sie sich aufgrund ihrer Erfahrung auch weiterhin gut orientieren kann.

Ein Fall aus Dr. Wolfs Tiersprechstunde

› Augentumor

Der Fall

Heute kommt Frau Stein mit ihrem ehemaligen Findlingskätzchen Pussy in meine Praxis. Bis heute ist die Ursache für ihr fehlendes Auge ungeklärt. Leider bereiten Frau Stein momentan Veränderungen am verlorenen Auge ihres Kätzchens Sorgen. Seit etwa drei Monaten sondert es vermehrt Flüssigkeit ab.

Die Diagnose

Bei Pussy hat sich im ehemals verletzten Auge ein Augentumor gebildet, der ohne weiteres auch bösartig sein könnte. Es besteht die Gefahr, dass er von der Augenhöhle bis zum Gehirn wuchern könnte.

Die Behandlung

Deshalb muss der Augentumor operativ entfernt werden. Dazu ist es nötig, die gesamte Augenhöhle, samt Sehnerv und Augenmuskeln, auszuräumen. Die Lidränder müssen entfernt werden, damit die Wunde wieder gut zusammenwachsen kann. Während der Operation wird eine Drainage, ein keimfreier Tupfer, gelegt. Diese schaut aus den Augenwinkeln heraus, und soll die sich bildende Flüssigkeit aus der Wunde nach außen ableiten. Zum Schluss wird die Operationswunde sorgfältig zugenäht.

Die Ursache

Der Tumor könnte sich entweder aus dem Restgewebe des Auges oder aus embryonal versprengten Gewebe entwickelt haben. Zur sicheren Abklärung des Tumorverdachts wird das entfernte Augengewebe zur feingeweblichen Untersuchung in ein pathologisches Labor eingeschickt.

Die Genesung

Drei Tage nach der erfolgreichen Operation wird die Drainage gezogen. Die Operationsfäden werden in der Regel nach zehn bis zwölf Tagen entfernt. Diese vorsichtige Vorgehensweise soll ein Aufplatzen der Wunde, die durch ein Kratzen verursacht werden könnte, verhindern.
Die Wunde ist nun schön zugewachsen und Pussy ist wieder glücklich und beschwerdefrei. Die Augenhöhle wird nach der Operation etwas einfallen, jedoch werden die nachwachsenden Haare die Wunde wieder bedecken. Dann wird außer einer kleinen Vertiefung im Gesicht kaum etwas auffälliges zu sehen sein.

Mein Rat

In den USA ist es durchaus üblich, für Hunde oder Katzen Glasaugen aus Silikon einzusetzen. Dies finde ich übertrieben, da es für das Wohlergehen des Tierchen lediglich wichtig ist, dass der Tumor vollständig entfernt wurde und die Wunde glatt zugenäht ist.

Verlagerung der Linse

- **Vorkommen** Selten
Die Linse ist im Auge verankert wie das Sprungtuch in einem Trampolin. Gelegentlich kommt es zur Zerreißung dieser Verankerung, wodurch sich die Linse verlagert.
- **Ursache** Dies kann einen Anstieg des Augeninnendruckes (grüner Star) und/oder eine Entzündung des Augeninneren (Uveitis) bewirken.
- **Symptome** In der Regel ist die Linse selbst fast nicht sichtbar, da sie glasklar ist. Deshalb ist es auch sehr schwer für den Katzenbesitzer, dieses Problem zu erkennen. Vielmehr wird er erst durch die Folgeveränderungen (Uveitis, grüner Star) aufmerksam werden (siehe Seite 81 und unten). Als Hinweis kann eine ungleichgroße Pupille und ein verstärktes Leuchten des Auges bei Dunkelheit dienen.
- **Behandlung** Es sollte innerhalb weniger Tage ein Tierarzt aufgesucht werden. Die Therapie besteht in der Entfernung der Linse und der Gabe entzündungshemmender Augenmedikamente.

Geübter Blick ins Auge...! Wenn man so das Lid hochzieht, kann man das Auge gut untersuchen.

> *Uveitis S. 81*

Grüner Star

- **Fachbegriff** Glaukom
- **Vorkommen** Selten
- **Ursache** Als Grüner Star wird die Erhöhung des Augeninnendruckes bezeichnet. Die Ursachen sind vielfältig, u.a. zählt die Linsenverlagerung dazu (siehe oben). Als Folge des über mehrere Tage erhöhten Augeninnendruckes kommt es, begleitet von starken Schmerzen, zur unheilbaren Erblindung. Unbehandelt entsteht langfristig eine Augapfelvergrößerung und damit gleichzeitig das Unvermögen des Lidschlusses, was eine Abtrocknung der Hornhaut verursacht.
- **Symptome** Er ist sehr schmerzhaft und kann plötzlich auftreten. Das Auge erscheint vergrößert, die Pupille ist stark erweitert und reagiert kaum, wenn das Auge beleuchtet wird.
- **Behandlung** Es sollte jedoch innerhalb von 24 Stunden ein spezialisierter Tierarzt aufgesucht werden. Die Therapie ist nicht immer einfach und erfolgreich.

Lidverletzung

- **Vorkommen** Selten
- **Ursache** Lid- und Lidrandverletzungen entstehen durch Raufereien und sollten möglichst bald genäht werden.
- **Symptome** Offensichtliche Verletzung am Lid mit Blutverkrustungen.
- **Sofortmaßnahmen** Bald den Tierarzt zur chirurgischen Wundversorgung aufsuchen. Bis dahin kann eine antibiotikahaltige Augensalbe auf die Wunde aufgetragen werden.
- **Behandlung** Sie sind kein Notfall in dem Sinne, dass dadurch das Auge verloren geht oder dass man durch längeres Abwarten etwas versäumt, doch verheilen diese Verletzungen schneller und komplikationsloser, wenn sie frisch, d.h., innerhalb von 6 Stunden durch einen Tierarzt behandelt werden.
- **Folgeschäden** Unbehandelt können solche Wunden zur Lidrandeinrollung führen, was dauerhaft die Hornhaut reizt und Schmerzen sowie chronische Veränderungen verursacht. Ferner kann es zu tiefen Narben am Lidrand kommen, wodurch die Tränenflüssigkeit nicht mehr über den Augenwinkel abfließt, sondern über die Narbe. An

› *Entropium S. 79*

Beim Raufen oder Toben kann schnell ein Hieb ins Auge gehen...

dieser Stelle entsteht auf Dauer eine Hautentzündung (Dermatitis) durch die ständige Nässe. Außerdem verfärben sich die Haare braunschwarz, was besonders bei hellhäutigen Katzen sehr hässlich aussieht.

Vorfall des Augapfels

- **Fachbegriff** Protrusio oder Prolapsus bulbi
- **Vorkommen** Selten
- **Ursache** Als Ursache kommt in der Regel ein Sturz aus großer Höhe, ein Autounfall oder ein Hundebiss in Frage, seltener ein Abszess hinter dem Auge oder eine Verletzung durch ein Luftgewehrgeschoss. Der Vorfall des Auges tritt dann immer sofort oder innerhalb von wenigen Stunden auf. Dieses akute Auftreten ist vom langsamen Vorfall zu unterscheiden, bei dem es über Tage bis Wochen hinweg zu einer allmählichen Vorverlagerung des Auges kommt und als dessen Ursache meist ein Tumor hinter dem Auge zu finden ist.
- **Symptome** Der Vorfall des Augapfels ist ein echter Notfall und nicht schwer zu erkennen. Das Auge quillt scheinbar aus der Augenhöhle hervor, die Katze kann die Lider nicht mehr schließen und das Auge selbst trocknet ab. In sehr schweren Fällen hängt das Auge heraus, sieht blutrot aus und die Lidränder liegen hinter dem Augapfel.
- **Sofortmaßnahmen** Es muss verhindert werden, dass das Auge eintrocknet. Deshalb dick Augensalbe auftragen (sollte kein Kortison enthalten) oder als Alternative Salatöl verwenden.
- **Behandlung** Sofort einen Tierarzt aufsuchen, der das Auge in einer Kurznarkose zurück in die Augenhöhle verlagert und die Lider vorübergehend (etwa 10 Tage) vernäht, damit das Auge nicht gleich wieder hervorquillt. In schweren Fällen kann das Auge oftmals nicht erhalten werden, wobei es dann besser ist, es gleich zu entfernen.

Fremdkörper im Bindehautsack

- **Ursache und Vorkommen** Fremdkörper im Bindehautsack kommen bei der Katze nicht sehr oft vor.
- **Symptome** Die Katze kneift die Lider mehr oder weniger stark zusammen und versucht wiederholt durch Wischen mit der Pfote, den störenden Fremdkörper loszuwerden. Die Bindehaut wird sich zunehmend röten und kann glasig anschwellen, so dass schließlich vom Auge selbst kaum mehr etwas zu sehen ist.
- **Behandlung** Weiterhelfen kann nur der Tierarzt, da zur Untersuchung des Bindehautsackes und zur Entfernung des Fremdkörpers ein schmerzstillendes Lokalanästheti-

kum verabreicht wird und das dritte Augenlid vorsichtig hervorgezogen werden muss.
In der Regel verschwinden die Veränderungen anschließend rasch, wobei die Katze noch einige Tage begleitend eine antibiotische Augensalbe verabreicht bekommt.

> **Vorsicht** Wird der Fremdkörper nicht bald entfernt, muss die Katze nicht nur unnötige Schmerzen ertragen, sondern es besteht auch die Gefahr, dass sich ein Hornhautgeschwür ausbildet oder dass sie sich durch das ständige Wischen mit ihren Krallen selbst verletzt.

Bei diesem Kätzchen wurde vor einiger Zeit ein Fremdkörper aus dem Bindehautsack entfernt. Jetzt sind die Augen wieder klar und glänzend, wie es bei einer gesunden Katze sein sollte.

Erkrankungen der inneren Organe

Das Herz

Vorangeschickt sei, dass in der Tiermedizin Herzoperationen, wenn überhaupt, nur an den Universitätstierkliniken durchgeführt werden.
Das Herz ist ein kräftiger Muskel, der unermüdlich während des ganzen Lebens das gesamte Blut zuerst durch die Lunge und dann durch den Körper pumpt. Die Arbeit, die das Herz verrichten muss, ist gewaltig: Die Blutmenge, die es durch den Körper transportiert, entspricht in etwa 1/13 des Körpergewichtes. Sie können das Herz spüren, wenn Sie die Hand auf den linken Brustkorb Ihrer Katze legen. Die normale Herzfrequenz beträgt zwischen 110 und 130 Schlägen in der Minute. Das Herz ist in zwei Hälften geteilt: rechtes und linkes Herz. Jede Seite besteht aus einem oben gelegenen Vorhof und einer Kammer. Beide stehen untereinander in Verbindung. Zwischen rechter und linker Seite gibt es keine Verbindung. Die Richtung des Blutflusses wird durch das Öffnen und Schließen der Klappen bestimmt, während die Kraft für das Strömen des Blutes aus der Kontraktion der Herzmuskulatur kommt.
Die Krankheiten des Herzens sind vielfältig, daher werden nachfolgend nur vier Krankheiten näher beschrieben.

Herzhypertrophie

Die Muskelmasse des Herzens nimmt zu, dies nennt man Herzhypertrophie. Dadurch versucht der Muskel die Kraft, mit der das Blut aus den Kammern gepresst wird, zu erhöhen („Sportlerherz“). Wenn das kritische Herzgewicht aber überschritten wird, kann die Herzmuskulatur nicht mehr ausreichend mit Sauerstoff versorgt werden. Nachfolgend kommt es zu Stoffwechselstörungen.

- **Ursache** Diese Erkrankung ist relativ häufig und betrifft vor allem Katzen mittleren Alters. Perserkatzen scheinen eine genetische Disposition für diese Krankheit zu besitzen.
- **Symptome** Die Katzen zeigen Atemnot, sind lethargisch und haben keinen Appetit.
- **Behandlung** Die Katze wird lebenslang Medikamente bekommen müssen.

Herzerweiterung

- **Fachbegriff** Herzdilatation
- **Ursache** Als Folge der Herzhypertrophie kann es zu einer Herzerweiterung (Herzdilatation) kommen. Vor allem orientalische Kurzhaarrassen neigen zu dieser Erkrankung.
- **Krankheitsverlauf** Die Herzkammern vergrößern sich, die Muskelwände werden dabei sehr dünn. Hierbei nimmt die Kontraktions-

kraft des Muskels ab, so dass der Muskel sich nicht mehr vollständig zusammenziehen kann und eine Restblutmenge in den Kammern bzw. Vorhöfen bleibt. Anfänglich versucht das Herz, dies durch eine höhere Herzschlagleistung auszugleichen, was aber auf Dauer nicht möglich ist. Da die Nieren eines der Organe sind, die auf eine hohe Durchblutungsrate angewiesen sind, um ihre Arbeit zu verrichten, sind diese als erstes betroffen. Unter anderem wird jetzt Natrium (Salz) und Wasser zurückgehalten, was wiederum das Herz belastet. Es kommt zu Stauungsschäden in der Leber und Lunge und zu Wasseransammlungen an Gliedmaßen und Unterbauch.

› **Symptome** Die Katzen werden müde und verlieren ihren Appetit. Bei Erweiterung der linken Herzkammer kommt es zu Husten und Atemnot.

› **Behandlung** Der Tierarzt kann versuchen, durch Medikamente einzugreifen, indem er u.a. Entwässerungstabletten (Diuretika) und blutdrucksenkende Mittel verabreicht.

Herzklappenfehler

› **Ursache** Erblich bedingte Herzfehler, die auf embryonale Fehlentwicklungen zurückzuführen sind, wie z.B. angeborene Herzklappenfehler sind möglich.

› **Symptome** In jedem Fall wird die Entwicklung der jungen Katze, ihre Lebhaftigkeit und Spielfreude weniger ausgeprägt sein. Besonders bei jungen Katzen kann ein angeborener Herzfehler, wobei eine Verbindung zwischen der rechten und der linken Herzkammer bestehen bleibt, zu einer besonders schnellen Ermüdbarkeit der sonst so verspielten und munteren Kätzchen führen. Die Lebenserwartung ist sehr verkürzt und plötzliche Todesfälle sind nicht selten. Bei schwerwiegenden Fehlern wird der Welpe bereits sehr früh sterben.

› **Behandlung** Weniger schwerwiegende Fehler werden mitunter erst sehr viel später und eher beiläufig erkannt. In solchen Fällen kann der Tierarzt medikamentös unterstützend helfen. Eine Heilung ist leider nicht möglich.

Checkliste
Anzeichen für Herzprobleme

Häufige Anzeichen für Herzprobleme sind:

- ○ schnelle, unreglmäßige Atmung
- ○ Niedergeschlagenheit, Husten
- ○ Wasseransammlungen in den Gliedmaßen oder im Unterbauch
- ○ vorübergehende Bewußtlosigkeit

Herzbeutel- und Herzkammerentzündung

Als weitere Herzerkrankungen können Entzündungen des Herzens genannt werden.

- **Symptome** Erwähnt seien hier die Herzbeutel- und Herzkammerentzündungen, die immer mit starken Schmerzen, Apathie und Fieber einhergehen.
- **Behandlung** Die Diagnose kann ausschließlich Ihr Tierarzt stellen. Er wird dies durch Abklopfen, Abhören, Röntgenaufnahmen, EKG, Herzultraschall und insbesondere jedoch durch die Vorgeschichte diagnostizieren können.
  Bei einer altersbedingten Herzschwäche kann Ihr Tierarzt helfend eingreifen. Eine echte Heilung von Herzerkrankungen ist selten möglich. Aber mit Hilfe von Medikamenten, durch Einhaltung einer salzarmen Diät kann eine Erkrankung meist unter Kontrolle gebracht werden und die Katze kann noch einige Zeit gut bei Ihnen leben.
- **Wichtig** ist, die Katze regelmäßig untersuchen zu lassen, um den Krankheitsverlauf zu verfolgen und gegebenenfalls schnell eingreifen zu können. Die Heilungschancen sind in erster Linie davon abhängig, wie weit fortgeschritten die Krankheit ist. Befolgen Sie bitte daher die Ratschläge ihres Tierarztes genau, um das Leben ihrer Katze zu verlängern!

Das Blut

Auch das Blut, welches die Organe mit Sauerstoff und Nährstoffen versorgt, kann krank sein. Dies lässt sich durch Blutuntersuchungen feststellen.

Anämie

- **Ursache** Häufigste Bluterkrankung ist die Anämie (Dabei sind zu wenig rote Blutkörperchen vorhanden, was z.B. durch Vergiftungen, Entzündungen, Tumore etc hervorgerufen wird).
- **Symptome** Äußere Anzeichen sind ein porzellanfarbiges Aussehen der Schleimhäute, beschleunigter Pulsschlag und allgemeine Schwäche. In seltenen Fällen gibt es einen Parasitenbefall des Blutes mit Haemobartonella felis, übertragen durch Insektenstiche oder z. B. Flöhe. Dieser Parasit zerstört die roten Blutkörperchen.

Leukämie

- **Ursache** Eine erhöhte Anzahl von weißen Blutkörperchen ist oft ein Anzeichen von Leukämie.
- **Symptome** Sie variieren ja nach Art der Leukämie, umfassen im Allgemeinen jedoch Fieber, Lethargie, mangelnden Appetit, Erbrechen und Durchfall.

Gefäßverstopfung

- **Fachbegriff** Thromboembolie
Die Gefäßverstopfung (Thromboembolie) ist als absoluter Notfall anzusehen und die Zeit ist hier ein entscheidender Faktor. Je schneller die Katze behandelt wird, umso größer sind ihre Heilungschancen.
- **Ursache** Durch ein abgeschwemmtes Blutgerinnsel kommt es zu einer teilweisen oder völligen Verstopfung der großen Gliedmaßenarterien.
- **Symptome** Aufgrund der fehlenden Blutversorgung, treten plötzlich, ein- oder beidseitig, teilweise oder völlige Lähmungserscheinungen der Gliedmaße auf. Die Gliedmaße fühlt sich kalt an, der Puls ist kaum oder nicht mehr fühlbar und die Katze verspürt in der Regel keinen Schmerz beim Zwicken in die zugehörige Pfote. Das Krankheitsbild ist mit einem Bandscheibenvorfall zu verwechseln, der bei der Katze aber sehr selten vorkommt.
- **Behandlung** Sollten Sie solche Symptome bei Ihrem Tier feststellen, suchen Sie sofort Ihren Tierarzt auf. Nur so können Sie sie retten. Der Tierarzt kann versuchen, das Gerinnsel mit Medikamenten aufzulösen und vorbeugend eine weitere Gerinnselbildung durch regelmäßige Medikamentengabe zu verhindern. Oftmals kommt jede Hilfe zu spät und es ist mit plötzlichen Todesfällen zu rechnen.

Ein typisches Anzeichen für Herz- und Bluterkrankungen sind permanente Müdigkeit und Bewegungsunlust.

› *Verstopfung* S. 96
› *Vergiftung* S. 45
› *Erkrankung der Leber* S. 102
› *Erkrankung der Niere* S. 104
› *Erkrankung der Bauchspeicheldrüse* S. 103
› *FIP* S. 51
› *Leukose* S. 51

Magen und Darm

Wie können Sie beurteilen, ob Ihre Katze Bauchschmerzen hat? Wenn Sie Ihre Katze am Bauch streicheln und sie weglaufen möchte, gibt es hierfür zwei Erklärungen: Die erste ist ganz einfach, sie will im Moment nicht gestreichelt werden. Die zweite Möglichkeit ist die, dass sie Schmerzen hat. Während der »normale« Bauch warm und weich ist, ist der Bauch einer Katze, die unter akuten Bauchschmerzen leidet, hart und sehr druckempfindlich.
Darüber hinaus sollten Sie wissen, dass Schnurren nicht nur ein Zeichen von Wohlbefinden ist, sondern dass die Katze auch dann schnurren kann, wenn sie unter großen Schmerzen leidet. Da sich das Tierchen nicht anders ausdrücken kann, versucht es eben auf diese Art und Weise, Ihre Aufmerksamkeit auf sich zu lenken.

Erbrechen

› **Unbedenklich** Eine gesunde, putzfreudige Katze kann sich ganz natürlich einmal in der Woche erbrechen. Sie hat beim Putzen viele unverdauliche Haare aufgenommen (besonders bei langhaarigen Rassen), die sie auf diese Weise wieder los wird. In diesem Fall besteht das Erbrochene aus weißem, schaumigem Magensaft mit Haaren und eventuell einigen Grashalmen.

› **Ursache** Mögliche Ursachen sind eine Verstopfung des Darmes, Vergiftungen, Nahrungsunverträglichkeit, die Ansammlung harnpflichtiger Stoffe im Blut durch ein Nierenversagen, Erkrankungen der Leber und Bauchspeicheldrüse sowie Viruserkrankungen wie z.B. FIP (Feline infektiöse Peritonitis) Leukose und Katzenseuche.

Das Katzengras hilft der Katze, abgeschluckte Haare leichter erbrechen zu können.

Die Ursache für Erbrechen kann jedoch auch zu schnelles Fressen oder kaltes Futter sein.

› **Symptome** Der Tierarzt muss eingreifen, wenn das Erbrechen unstillbar erscheint, länger als einen Tag andauert und Blut oder Würmer enthält oder die Katze zusätzlich starken Durchfall entwickelt. Häufiges Erbrechen ist ein Symptom vieler Krankheiten, weshalb die genaue Ursache von einem Tierarzt untersucht werden sollte, um die richtige Behandlung einleiten zu können.

- **Vorsicht** Erbrechen und Durchfall bewirken einen hohen Flüssigkeits- und Elektrolytverlust, der ausgeglichen werden muss.
- **Diagnose** Sie erleichtern dem Tierarzt die Diagnose, wenn Sie ihm eine Probe des Erbrochenen (unverdautes Futter, schaumiger gelber Magensaft, Blut, Würmer etc.) mitbringen. Grundsätzlich ernst zu nehmen sind Brech- und Durchfallerkrankungen bei sehr jungen und bei alten Katzen.
- **Selbsthilfe** Nehmen Sie zuerst alles Futter und Wasser weg. Nach acht Stunden der Katze eine kleine Futtermenge des Diätfutters anbieten und ihr etwas Wasser hinstellen (kleine Kätzchen dürfen nur maximal sechs Stunden lang fasten). Wenn die Katze das Diätfutter bei sich behält, wird mindestens eine Stunde gewartet, ehe sie mehr bekommt. Wichtig ist hier, mit kleinen Bissen anzufangen.

Durchfall

Durchfall bleibt bei der Wohnungskatze meist nicht lange unentdeckt.

- **Ursache** Besonders bei der Verfütterung von Milch und Milchprodukten kann es zum Durchfall kommen. Viele Katzen vertragen keine Milch. Einige sind allergisch auf die Eiweißstoffe in der Kuhmilch, bei manchen löst der in der Milch enthaltene Milchzucker Durchfall aus. Da die Milch durch die scharfen Magensäfte schlagartig zu festen Käsebrocken gerinnt, ist sie zudem schwer verdaulich.
- **Symptome** Die Katze wird häufiger die Toilette aufsuchen. Dies kann allerdings auch auf Probleme mit der Blase hindeuten. Beim Freiläufer besteht ein Verdacht, wenn das Fell am After oder den Sprunggelenken verschmutzt ist. Oftmals ist der After gerötet und entzündet. Bei schwerem Durchfall stehen Schmerzen beim Kotabsatz im Vordergrund oder es sind Blutbeimengungen oder Würmer dabei und das Allgemeinbefinden der Katze ist gestört.

Bevor die Katze erbricht, nimmt sie diese typische Position ein.

Dr. Wolfs Diät-Tipp

Die Diät besteht aus 1/3 gekochtem Huhn (ohne Haut und Gewürze), 1/3 Magerquark oder Hüttenkäse und 1/3 Reis.
Das Futter kann zur besseren Akzeptanz angewärmt werden, notfalls kann auch 1/3 der normalen Dosennahrung verabreicht werden, falls kein Hühnerfleisch vorhanden ist. Anstelle des Reises kann auch Kartoffelbrei verwendet werden oder in Wasser gekochte Haferflocken. Rohe Hafer- oder andere Getreideflocken sind für die Katze unverträglich. Das Ganze kann mit etwas Fleischbrühe (Vorsicht! Nicht zu salzig) schmackhaft gemacht werden.

Es ist günstig, bereits Katzenwelpen zwischendurch mit dieser Diät zu füttern, damit sie sich daran gewöhnen. Eine Katze, die nur eine Art von Futter kennt, wird nur schwer ein anderes Futter annehmen. Die nächsten 24 Stunden nur kleine Portionen anbieten und langsam wieder zur gewohnten Ernährung übergehen.
Die Katze sollte noch für zwei Tage nach dem letztmaligen Erbrechen Diätfutter erhalten. Fettes Fleisch sollte vorläufig vom Speiseplan gestrichen werden und auch im normalen Speiseplan eher die Ausnahme darstellen.

Durchfall ist wie Erbrechen oder Gelbsucht nur ein Symptom und keine eigenständige Krankheit.

› **Selbsthilfe** Eine Diät (siehe oben) über mehrere Tage füttern, mindestens einen Tag länger als der Durchfall besteht.

› **Behandlung** Durchfall ist ein häufiges Problem bei Katzen. In der Mehrzahl der Fälle ist eine Behandlung unnötig. „Einfacher" Durchfall kann man mit diätetischen Maßnahmen versuchen, in den Griff zu bekommen. Bei „schwerem" Durchfall oder wenn Erbrechen dazukommt, sollte die Katze dem Tierarzt vorgestellt werden.

Verstopfung

Wenn die Katze Verstopfung hat, setzt sie keinen Kot ab. Dadurch, dass der Kot länger im Darm verweilt, trocknet er aus und kann jetzt nur noch sehr schwer und unter Schmerzen ausgeschieden werden. Meistens dauert es ein paar Tage, bis der Besitzer das Problem bemerkt.

› **Ursache** Die Ursachen können vielfältig sein. Zum einem ist die Ernährung ein wichtiger Faktor. Zuviel Trockenfutter oder Knochenstücke können eine Verstopfung verursachen. Ist dies der Grund, muss das Futter umgestellt werden. Auch das Alter der Katze kann ein Grund sein. Bei einer älteren Katze arbeitet der Darm nicht mehr so gut, auch hier sollte die Ernährung umgestellt werden. Ein Mangel an Bewegung kann auch zur Verstopfung führen. Beugen Sie dem vor, indem Sie regelmäßig mit der Katze spielen oder sich bei einem Einzeltier überlegen, eine zweite Katze zu holen. Die Aufnahme einer größeren Haarmenge während des Fellwechsels oder einer Krankheit kann auch zur Verhärtung des Kots führen. Auch nicht operativ versorgte Beckenbrüche, die den Beckenkanal einengen, sowie Dickdarmtumore können der Grund sein. Manchmal ist auch eine nicht geputzte Katzentoilette die Ursache: Die Katzen verhalten ihren Kotabsatz, weil ihnen die Toilette zu schmutzig ist. Schließlich ist der Kot so ausgetrocknet, dass sie ihn nicht mehr absetzten können.

› **Symptome** Folgende Anzeichen können auftreten: Die Katze setzt sich oft in Positur und presst, ohne dass dabei etwas herauskommt. Wenn sie Kot absetzt, ist dieser hart und hat eventuell blutige Beimengungen. Die Katze hat keinen Appetit, ist teilnahmslos und kann erbrechen. Man kann versuchen, den Bauchraum durchzutasten und fühlt eine wurstförmige Masse parallel zum Rückgrat.

› **Behandlung** Wenn die Katze erst mal ein paar Tage unter Verstopfung leidet, wird es sehr schwer sein, diese wieder mit diätischen Maßnahmen aufzulösen. Deshalb ist es am besten, einer Verstopfung vorzubeugen. Wenn die Katze auf die Behandlung nicht innerhalb von ein bis zwei Tagen anspricht oder sie zusätzliche Symptome zeigt, sollte man mit ihr zum Tierarzt gehen. Es kann auch ein Fremdkörper dahinterstecken, der einen Darmverschluss verursacht und dann verschlimmert sich der Zustand nur, je länger man abwartet. Die Ursache muss der Tierarzt feststellen, um ihr helfen zu können.

› **Sofortmaßnahmen** Als Sofortmaßnahmen kann 1 Esslöffel Speiseöl und 10 g Futterzellulose in das Futter gegeben werden. Es kann auch versucht werden, mit Weizenkleie, Milchzucker oder Joghurt die Verdauung anzuregen. Auch Ölsardinen können durch ihren hohen Ölgehalt dazu beitragen eine Verstopfung aufzulösen. Falls das innerhalb 48 Stunden nicht hilft, muss der Tierarzt ein Klistier verabreichen oder schlimmstenfalls den Darm in Narkose spülen.

Wenn sie häufig erfolglos zur Toilette flitzt, sollten Sie etwas Salatöl ins Futter geben und die Katze vorerst beobachten.

Fremdkörper im Magen

Katzen sind in dieser Hinsicht vernünftiger als Hunde und schlucken Fremdkörper nicht so häufig ab. Neugierige Katzenwelpen sind hier natürlich gefährdeter als „erwachsene“ Tiere.

> **Ursache** Was bei Katzen aber häufiger vorkommt, sind Nadeln, die mit einem Faden beim Spielen abgeschluckt werden. Ebenfalls können die aufgenommenen Katzenhaare im Magen verklumpen und eine Art Haarklumpen (Trichobezoar) bilden (Verstopfung s. S. 96). Kann sich die Katze nicht auf natürliche Weise des Fremdkörpers entledigen, kann er entweder im Magen liegen oder im Darm stecken bleiben. Die Fremdkörper im Magen liegen einige Zeit reaktionslos in der Magenschleimhaut, werden dann langsam von der Magensäure zersetzt und stellen so eine Irritation dar. Durch diese Irritation kann eine Gastritis entstehen. Die Fremdkörper, die im Darm stecken bleiben, können diesen verstopfen, d.h., der Nahrungsbrei kann an ihnen nicht vorbeitransportiert werden.

> *Verstopfung* S. 96
> *Erbrechen* S. 94
> *Gastritis* S. 100

> **Symptome** Diese Verstopfung, die entweder vollständig oder teilweise sein kann, führt zu Erbrechen und starken Oberbauchschmerzen. Man kann sich das wie ein Fass vorstellen, das nach oben überläuft, weil kein Abfluss mehr vorhanden ist. Ein weiteres Zeichen ist mangelnder Kotabsatz: da keine Nahrung den Darm passieren kann, wird auch kein Kot aus den Restbestandteilen gebildet.

> **Behandlung** Wenn man beobachtet hat, wie die Katze den Fremdkörper aufgenommen hat, bitte zum Tierarzt gehen. Sonst gilt bei eintägigem, komplikationslosem Erbrechen das auf S.94 gesagte.

Dr. Wolfs Praxis-Tipp

Zur Vorbeugung gegen die Bildung von Haarballen sollte man bei empfindlichen Katzen regelmäßig, z.B. pro Monat an drei aufeinander folgenden Tagen, der Katzennahrung Malzpaste hinzufügen (beim Tierarzt erhältlich) oder Katzengras anbieten.

Darmverschluss

> **Fachbegriff** Ileus

Darmverschlüsse sind bei der Katze seltener als beim Hund.

> **Ursache** Als Ursachen können einem Darmverschluss hauptsächlich Fremdkörper und Tumore zugrunde liegen. Eine Sonderform ist die Einstülpung eines Darmabschnittes in den anderen, wodurch es zu Unterbrechungen der Blutzufuhr kommt. Durch die mangelnde Blutzufuhr wird dieser Teil des Darmes nicht mehr mit Sauerstoff versorgt und stirbt somit ab.

Ein Fall aus Dr. Wolfs Tiersprechstunde

› Haarballen im Magen

Der Fall

Frau Becker kommt mit ihrer Langhaarkatze Morle auf dem Arm zur Tür herein. Das Kätzchen frisst in letzter Zeit schlecht, erzählt Frau Becker. Sie zeigt mir einen kleinen, braunen Knäuel, den sie mitgebracht hat. Immer wieder findet sie in letzter Zeit diese seltsamen Knäuel in ihrer Wohnung

Die Untersuchung

Ich schaue mir den mitgebrachten Knäuel genauer an und erkläre Frau Becker, dass es sich hierbei um einen verfilzten Haarballen (Trichobezoar) handelt.

Die Diagnose

Diese Trichobezoare können ernsthafte Krankheiten verursachen, wie beispielsweise einen Darmverschluss.

Die Behandlung

Morle bekommt eine ihr offensichtlich sehr wohlschmeckende Malzpaste verordnet, welche sie regelmäßig bekommen sollte. Diese Paste sorgt dafür, dass die störenden Haare problemlos abgeführt werden können.

Die Ursache

Unsere Hauskatzen verbringen die meiste Zeit mit Schlafen, Putzen und Fressen. Beim Putzen bleiben unweigerlich viele Haare an den winzigen Häkchen der Zunge hängen. Da diese Häkchen nach hinten, in Richtung Schlund ausgerichtet sind, ist es der Katze unmöglich, die aufgenommenen Haare wieder auszuspucken. Die so gebildeten Haarklumpen gelangen in den Magen und müssen dann entweder durch Erbrechen oder Kotabsatz nach draußen befördert werden. Katzen in freier Wildbahn gehen 20 bis 30 mal am Tag auf die Jagd und fressen hin und wieder Gras. Die Grasfasern wickeln sich um die im Magen vorhandenen Haare, die dann problemlos von der Katze erbrochen werden können. Fehlt das Gras, können diese nicht ganz ungefährlichen Trichobezoare entstehen.

Die Genesung

Wenn Morle regelmäßig die Malzpaste bekommt, wird ihr Appetit bald wiederkommen.

Mein Rat

Besonders Langhaarkatzen sollten regelmäßig gebürstet werden, um die losen Haare des Fellwechsels zu entfernen und somit dem Kätzchen zu helfen, die störenden Haare im Magen zu reduzieren. Katzengras hilft der Katze auf natürliche Weise, ihre verschluckten Haarballen wieder loszuwerden. Der reinen Wohnungskatze sollte Katzengras angeboten werden. Freiläufer können ihren Grasbedarf im Garten decken.

› **Symptome** Die Katze wirkt teilnahmslos, mag sich nicht bewegen und hat keinen Appetit. Der Bauch ist angespannt und schmerzhaft. Das Hauptsymptom neben einem gestörten Allgemeinbefinden ist unstillbares Erbrechen. Die Katze hat wenig oder gar keinen Kotabsatz. Durch die hohe Konzentration von Stoffwechselabbauprodukten im Blut, die jetzt nicht mehr ausgeschieden werden können, kommt es zu einer Schocksymptomatik mit sinkender Körpertemperatur. Wenn der Fremdkörper festsitzt, kann er die Darmwand schädigen und nach wenigen Tagen zum Aufreißen der Darmwand führen. Dadurch tritt Darminhalt in die Bauchhöhle aus und führt innerhalb kurzer Zeit zum Tode.

Dr. Wolfs Praxis-Tipp

Wenn das Erbrechen unstillbar und kein Kotabsatz vorhanden ist, ist dies als absoluter Notfall anzusehen und die Katze muss auf dem schnellsten Wege zum Tierarzt gebracht werden.

› *Erbrechen* S. 96

› **Behandlung** Je schneller Sie Ihren Tierarzt aufsuchen, desto eher kann er Ihrer Katze helfen. Bei einem Darmverschluss kann nur noch eine Operation helfen.

Magenschleimhautentzündung

› **Fachbegriff** Gastroenteritis (Magen-Darm-Entzündung) und Gastritis

› **Ursache** Eine plötzlich auftretende Magenschleimhautentzündung (akute Gastritis) ist bei der Katze oftmals durch die Futteraufnahme bedingt. Entweder sie hat zuviel oder verdorbenes Futter gefressen (Speisereste) oder nicht katzengerechtes Futter (Knochen, Gräten) aufgenommen.

Der Magen hat im gefüllten Zustand in etwa die Größe einer Frauenfaust. Daraus lässt sich grob ableiten, wie viel die Katze auf einmal fressen kann. Dies gilt natürlich nur für ausgewachsene Katzen. Eine Magenschleimhautentzündung kann aber auch vergiftungsbedingt sein, hier stehen unter anderem Schwermetalle im Vordergrund. Besonders betroffen sind die Freiläufer. Auch Viren können eine akute Gastritis auslösen. Bei der älteren oder nierenkranke Katze muss daran gedacht werden, das die Niere der Auslöser ist, d.h., es handelt sich um eine azotämische Gastritis. Das bedeutet, dass die Niere nur noch eingeschränkt funktionstüchtig ist und somit den Harnstoff nur noch in ungenügendem Maße ausscheiden kann. Der erhöhte Harnstoffanteil im Blutkreislauf führt dann zum Erbrechen. Seltener sind bei der Katze Magengeschwüre, die auch über einen hohen Harnstoffgehalt ausgelöst werden können.

› **Symptome** Meistens geht eine akute Gastritis mit Erbrechen in eine Gastroenteris, d.h., in eine Magen-Darmentzündung über. Hierbei hat die Katze zusätzlich zum Erbrechen auch Durchfall. Leckt die Katze sich ständig über das Mäulchen, kann dies ein Anzeichen für Übelkeit sein.

› **Behandlung** Bei Verdacht auf eine Vergiftung bitte sofort zum Tierarzt. Wenn man einen Teil des Erbrochenen und/oder des Durchfalls mitbringt, kann der Tierarzt eventuell daraus Rückschlüsse ziehen oder es auf das Gift hin untersuchen lassen. Wenn man den Verdacht hat, das die Niere der Auslöser für die Gastritis ist, auch gleich zum Tierarzt. Dieser wird die Katze mit Flüssigkeit versorgen, um die Nieren zur Tätigkeit anzuregen und so dafür zu sorgen, das der Harnstoff ausgeschwemmt werden kann.

› **Selbsthilfe** Bei vorübergehendem Erbrechen und /oder Durchfall können folgende Maßnahmen versucht werden:

Durchfall Wenn das Allgemeinbefinden sonst ungestört ist und die Katze einen munteren Eindruck macht, sollte Diät (s. Kap. Erbrechen S. 96) gefüttert werden. Zeigt die Katze ein schlechtes Allgemeinbefinden und/oder hat sie zusätzlich blutigen Durchfall, muss sie zum Tierarzt. Ebenfalls bei über zwei Tage andauernden Durchfall.

Erbrechen Bei Erbrechen gilt im Prinzip das Gleiche wie beim Durchfall. Näheres finden Sie auf S. 94.

Wenn Ihre Katze ein kleines, gewärmtes Kissen auf ihrem Bauch toleriert, können so die Bauchschmerzen gelindert werden.

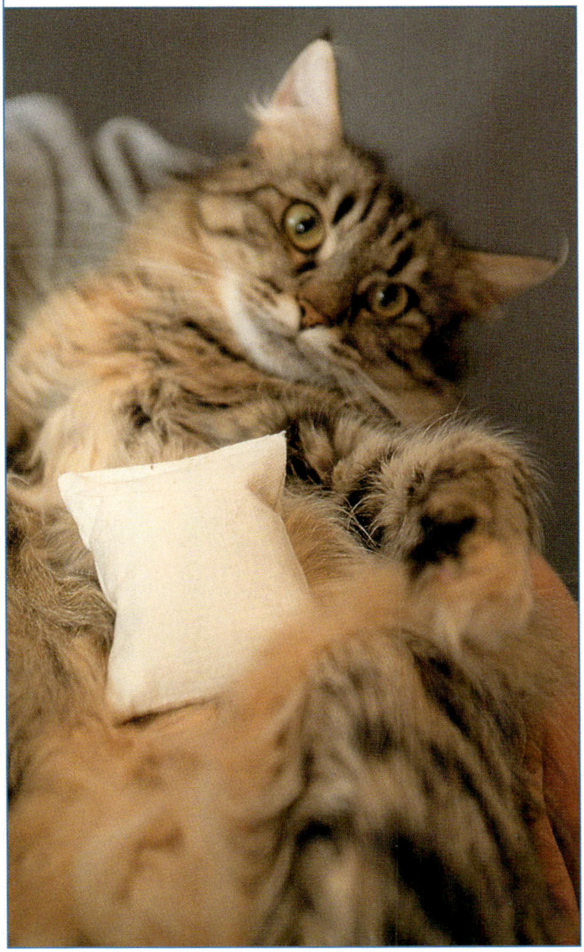

Die Leber

Die Leber ist sozusagen die »Waschmaschine des Blutes«. Die Reinigung erfolgt auf einem komplizierten biochemischen Weg. Eine Fehlfunktion der Leber ist daher in hohem Grade gefährlich für das Leben unserer Katzen.

Lebererkrankungen

> **Ursachen** für eine Erkrankung der Leber können sein: Bakterielle und Virus bedingte Leberentzündungen (chronisch oder akut), Leukose, Virusinfektionen, Tumore, Zwerchfellbrüche, mechanische Leberverletzungen sowie Vergiftungen aller Art.

> *Leukose S. 51*
> *Vergiftungen S. 45*

Aufgrund der Wechselbeziehungen der einzelnen Organe kann es auch zu einer Fehlfunktion der Leber kommen, wenn zum Beispiel eine Krankheit der Bauchspeicheldrüse vorliegt.

> *Erkrankung der Bauchspeicheldrüse S. 103*

Dr. Wolfs Praxis-Tipp

Tritt eine Gelbfärbung ein paar Tage nach einem Unfall auf, ist höchstwahrscheinlich die Gallenblase geplatzt, auch wenn die Katze sonst keine äußerlichen Verletzungen aufweist.

> **Symptome** Erkrankungen der Leber sind an folgenden Symptomen zu erkennen: Trockene, eventuell schuppige Haut, schlechter Allgemeinzustand, Durchfall und Erbrechen, Appetitlosigkeit und Gewichtsverlust. Im fortgeschrittenen Stadium kann es zu einer Gelbfärbung der Haut (Gelbsucht, Ikterus) kommen. In der Leber werden die alten roten Blutkörperchen abgebaut. Der Abbau kann durch entzündliche und altersbedingte Erkrankungen herabgesetzt sein oder die Ausscheidung ist durch eine Verlegung der Gallengänge verringert.

Meistens ist die Gelbsucht ein Zufallsbefund, weil die gelblich verfärbten Schleimhäute auffallen. Die hell bis dunkelgelbe Hautfarbe entsteht durch den Übertritt von Gallenbestandteilen zunächst ins Blut und dann in die Haut. Aufgrund des Haarkleides kann man bei Katzen die gelbliche Verfärbung am besten an den Schleimhäuten feststellen.

> **Behandlung** Eine unbehandelte Leberentzündung kann sich zu einer Leberzirrhose entwickeln. Es ist deshalb wichtig, dass Sie sich frühzeitig vertrauensvoll an Ihren Tierarzt wenden. Eine Therapie im frühen Stadium und unter günstigen Voraussetzungen kann erfolgreich sein. Über die Aussichten einer speziellen Lebertherapie kann Ihnen Ihr Tierarzt Auskunft geben.

Die Gallenblase

Die Gallenblase steht in enger Wechselbeziehung mit der Leber. In ihr sammelt sich die in der Leber produzierte Gallenflüssigkeit. Die in ihr enthaltenen Säuren sind notwendig, um die Fette der Nahrung verdauen zu können.

Erkrankungen der Gallenblase

- **Ursache** Als Erkrankungen der Gallenblase kommen in seltenen Fällen Gallenblasenentzündungen, aber auch Tumore und Gallenblasensteine in Frage, oder aber eine geplatzte Gallenblase nach einem Autounfall.
- **Symptome** Diese Erkrankungen äußern sich häufig durch Gelbsucht sowie einen schmerzhaften Bauch.
- **Behandlung** Sie gehört in die fachkundigen Hände eines Tierarztes.

Bauchspeicheldrüsenentzündung

Bei einer Entzündung oder Verletzung der Bauchspeicheldrüse kommt es zur Freisetzung ihrer Verdauungsenzyme Amylase, Lipase und Trypsin. Da sie gegen diese nicht immun ist, beginnt die Bauchspeicheldrüse nun, sich selbst zu verdauen.

Die Bauchspeicheldrüse

Die Bauchspeicheldrüse befindet sich neben dem Magen, dicht am Zwölffingerdarm. Sie hat zwei Aufgaben: sie produziert Insulin und sie bildet Enzyme, die für die Verdauung wichtig sind. Die Bauchspeicheldrüse und die Leber sind die wichtigsten Verdauungsorgane.

- **Ursache** Als Ursache für die Erkrankung der Bauchspeicheldrüse kommen u.a. in Frage: Zu fette Nahrung, Übergewicht, Bakterien, Viren, eine Verletzung durch eine verschluckte Nadel oder Stress.
- **Symptome** Die plötzlich auftretende Bauchspeicheldrüsenentzündung ist eine der schmerzhaftesten Erkrankungen der Katze. Als äußere Anzeichen können auftreten: Erbrechen und blutiger Durchfall, erhöhte Temperatur, empfindlicher und schmerzhaft verhärteter Bauch. Sie leidet unter starken Bauchschmerzen und wird weitere Nahrung verweigern. Ihr Allgemeinbefinden ist hochgradig gestört. Die Symptome ähneln der akuten Gastritis (Magenschleimhautentzündung).

> *Gastritis S. 100*

- **Behandlung** Eine Erkrankung der Bauchspeicheldrüse erfordert in aller Regel einen Klinikaufenthalt, die Prognose ist ungewiss, aber ein Versuch lohnt sich. Bitte bei Verdacht schnellstmöglich zum Tierarzt, um der Katze weitere Schmerzen zu ersparen.

Die Milz

Zu den wesentlichen Aufgabe der Milz gehört die Blutwäsche sowie die Blutspeicherung.

Blase und Nieren

Katzen haben zwei Nieren. Ihre wesentliche Aufgabe besteht darin, die Abbauprodukte des Stoffwechsels aus dem Körper herauszufiltern und sie mit dem Urin auszuscheiden. Wenn die Nieren dies nicht mehr können, sammeln sich die giftigen Stoffe im Körper, was zu schweren Erkrankungen und schließlich zum Tode führen kann. Zusätzlich sind sie an der Regulierung des Wasserhaushaltes und der Harnproduktion beteiligt und greifen in den Säurehaushalt und die Blutbildung ein.
Erbliche oder angeborene Nierenmissbildungen sind nicht heilbar.

Erkrankungen der Milz

Erkrankungen der Milz sind selten. Es kann dahingegen zu Verletzungen der Milz durch Autounfälle oder Stürze aus dem Fenster kommen. Meistens verkleben die Risse in der Milz jedoch ziemlich schnell und machen tierärztliches Eingreifen unnötig.

Erkrankungen der Niere

Manche Nierenerkrankungen führen erst bei der erwachsenen Katze zu Problemen. Anfänglich können die Nieren die Erkrankung noch ausgleichen, kommen aber weitere Faktoren wie Infektionen, Stress oder sonstige Beeinträchtigungen dazu, kommt es zu Krankheitssymptomen. Nierenerkrankungen kommen vor allem bei älteren Katzen recht häufig vor. Ich halte es deshalb für wichtig, dass Sie Ihre Katze in dieser Hinsicht besonders gut beobachten.
Das wichtigste ist, zu versuchen, dass Ihre Katze ausreichend Flüssigkeit zu sich nimmt. Die Katzen nehmen meist zu wenig Flüssigkeit auf, weil sie nicht oder nur wenig trinken (s. Kap: Die kranke Katze S. 25).
Trockenfutter verbraucht zusätzlich Flüssigkeit bei der Verdauung, wohingegen Feuchtfutter bereits Flüssigkeit enthält. Dadurch werden die Nieren besser durchspült. Auch wenn man nur gelegentlich Trockenfutter verabreicht, sollte man der älteren Katze „nierenfreundliches" Trockenfutter anbieten. Dieses Trockenfutter ist beim Tierarzt erhältlich und speziell auf dieses Problem zugeschnitten. Wenn ihre Katze gar nicht trinken mag, können sie dem Feuchtfutter auch etwas Wasser zugeben.

› **Symptome** Ein Hinweis auf Nierenprobleme kann Erbrechen, Appetitlosigkeit und vermehrtes Trinken sein. Meist riecht die Katze dann auch urinös aus dem Maul. Bei fortgeschrittenen Nierenversagen wird die Niere schlechter durchblutet und kann deshalb nur eingeschränkt ihrer „Entgiftungsfunktion“ nachkommen. Der Harnstoff, der dann nicht mehr ausgeschieden wird, kann zur Bewusstlosigkeit führen (urämisches Koma). Davor zeigt die Katze aber meist Krämpfe und Gleichgewichtsstörungen.

- **Behandlung** Hier ist es wichtig, die Katze sofort zum Tierarzt zu bringen, damit ihr Flüssigkeit zugeführt werden kann. Durch Infusionen soll versucht werden, die Niere durchzuspülen und sie wieder anzuregen.
- **Vererbung** Vor allem bei Perserkatzen und anderen Langhaarrassen kommt es zu angeborenen und weiter vererbbaren Nierenzysten (Polycystic Kidney Disease – PKD). Deshalb sollte jede Perserkatze gründlich von einem darauf spezialisierten Tierarzt per Ultraschall untersucht werden, wenn mit ihr gezüchtet werden soll. Keinesfalls dürfen Katzen die einen positiven Befund haben als Zuchttiere verwendet werden. Sie würden ihre Missbildung an die nächste Generation weitergeben!

Blasenentzündung

- **Ursache** Eine Blasenentzündung kann durch eine Erkältung, Harngrieß oder -steine (häufig verursacht durch Trockenfutter) verursacht sein.
- **Symptome** Wenn die Katze mehrmals versucht Harn abzusetzen, evtl. unter Schmerzäußerungen, und dann jeweils nur vereinzelte Tröpfchen kommen, die vielleicht noch mit Blut gemischt sind, oder wenn gar nichts kommt, könnte eine Blasenentzündung dahinterstecken.
Auch wenn Ihre Katze plötzlich in der Dusche oder der Badewanne, auf dem Teppich oder im Bett versuchen sollte, ihren natürlichen Bedürfnissen nachzukommen, sollte dies Ihre ungeteilte Aufmerksamkeit wecken.

Dr. Wolfs Praxis-Tipp

Vorsicht, Verhalten! *Wenn Ihr Kater plötzlich überall ein paar Tröpfchen hinterlässt, ist er nicht unbedingt krank, sondern markiert sein Revier. Er bringt seine Duftnote, die für ihn, aber sicher nicht für uns Menschen gut riecht, überall an. Dies kann auf die Dauer sehr unangenehm werden und Sie sollten in diesem Fall über eine Kastration nachdenken.*

Es gibt jedoch auch eine andere Erklärung: Ihr Tierchen ist in psychischem Stress. So etwas gibt es auch bei Katzen. Wenn Sie zum Beispiel Besuch haben, der Ihrer Katze nicht angenehm ist, so drückt sie es auf diese Weise aus.
Wenn Ihr Tier schon älter ist, kann es vielleicht nicht mehr so wie früher auf seine Sauberkeit achten.

- **Behandlung** Liegt eine Blasenentzündung vor, sollten Sie auf jeden Fall Ihren Tierarzt aufsuchen. Bei hartnäckigen Fällen wird ein Aufenthalt in der Klinik notwendig, bei dem der Katze ein Blasenkatheder gelegt wird.

Harnsteine

- **Fachbgriff** Felines Urologisches Syndrom (FUS)
- **Ursache** Das Feline Urologische Syndrom wird durch Harnsteine verursacht. Es betrifft hauptsächlich den Kater, weil bei ihm die Harnröhre sehr kurz und sehr eng ist. So kann ein Stein ziemlich leicht die Harnröhre verstopfen, so dass kein oder wenig Urin durchgeht.
- **Symptome** Dies führt dazu, dass er große Schmerzen hat und entweder keinen oder nur tröpfchenweise Urin absetzten kann. Oftmals fällt auf, das der Kater sich am Genitalbereich leckt. Der Penis kann herausragen und sich bläulich oder schwärzlich verfärben, geschwollen und blutverkrustet sein. Es werden kleine Mengen dunklen, blutigen Urins abgesetzt. Die Katze ist teilnahmslos, mag sich nicht bewegen und kann erbrechen. Da der Urin nicht mehr oder nicht in ausreichendem Maße abgesetzt wird, hat dies einen Rückstau zur Folge. Dieser Rückstau führt sekundär zu einer Blasenentzündung. Zudem können jetzt die harnpflichtigen Stoffe nicht mehr ausgeschieden werden, was das Erbrechen auslöst. Wird die Ursache des Harnstaus nicht beseitigt, stirbt die Katze nach 4 Tagen.
- **Behandlung** Bitte schnellstmöglich dem Tierarzt vorstellen. Dieser wird versuchen, den Stein frei zu spülen. Falls dies nicht möglich ist, muss der Stein schlimmstenfalls operativ entfernt werden. Der Tierarzt wird je nach der Beschaffenheit des Steines eine Diät empfehlen. Oftmals sind Blasensteine auch mit einer Blasenentzündung vergesellschaftet, d.h., der Tierarzt sollte den Urin auch auf Bakterien untersuchen.

Kater markieren ihr Revier. Leider wird manchmal auch die Wohnungseinrichtung integriert.

Ein Fall aus Dr. Wolfs Tiersprechstunde

› Blasensteine

Der Fall

Frau Georg wurde zur Weiterbehandlung ihres Katers Rasputin von einem Kollegen an mich überwiesen. Die Probleme begannen vor zwei Tagen, Rasputin ging vermehrt auf die Katzentoilette, setzte jedoch sehr wenig Urin ab, erzählt Frau Georg. Leider verschlimmerte sich die Lage, Rasputin konnte teilweise gar keinen Urin mehr absetzen.

Die Untersuchung

Frau Georg zeigt mir die mitgebrachte Röntgenaufnahme und die Ultraschalldarstellung der Blase ihres Katers. Die Röntgenaufnahme ist unauffällig, aber auf dem Ultraschallbild sind auf dem Boden der Blase kleine Steinchen zu erkennen.

Die Diagnose

Kater Rasputin leidet an Blasensteinen, die aufgrund ihrer Größe nicht mehr durch die Harnröhre passen. Unbehandelt würden sie weiter an Umfang zunehmen und durch die ständige Reizung der Blasenschleimhaut chronische Blasenentzündungen verursachen.

Die Behandlung

Bei Rasputin müssen die Blasensteine operativ entfernt werden. Da Blasensteine auch oft durch eine Blasenentzündung ausgelöst werden, wird der Urin von Rasputin noch bakteriologisch untersucht. Werden dabei Bakterien nachgewiesen, können sie gezielt mit geeigneten Antibiotika behandelt werden.

Die Ursache

Im Urin aller Katzen findet man Mineralstoffe wie Magnesium, Phosphor oder Kalzium. Befinden sich jedoch abnormal hohe Mengen bestimmter Mineralstoffe darin, lösen sie sich nur bis zu einem gewissen Sättigungsgrad auf. Alle übrigen vorhandenen Mineralstoffe bilden Kristalle. Diese können sich im Laufe der Zeit als sandartiger Harngrieß oder größere Blasensteinen ablagern.

Die Genesung

Um eine Neubildung von Blasensteinen zu vermeiden, muss Rasputin nach dem Eingriff eine mineralstoffarme, lebenslange Diät einhalten. Um die Diät zielgerichtet durchzuführen, werden die operativ entfernten Blasensteine in einem speziellem Labor bezüglich ihrer Mineralstoffzusammensetzung analysiert.

Mein Rat

Das Futter sollte möglichst wenig Magnesium, Kalzium und Phosphor enthalten und eine leichte Ansäuerung des Urins bewirken. Um das Harnvolumen zu erhöhen, sollte ständig frisches Trinkwasser zur Verfügung stehen oder spielerisch die Wasseraufnahme der Katze mit Hilfe von laufenden Wasserhähnen oder Zimmerbrunnen animiert werden.

Skelett und Bewegungsapparat

Der Bewegungsapparat der Katze ist äußerst vielseitig. Sie können schleichen, klettern und springen. Selbst bei Katzenkindern lässt sich schon die Fähigkeit als Jäger erahnen. Der wichtigste Unterschied zum Hund ist nicht nur ihre enorme Beweglichkeit, sondern das Katzen ihre Krallen einziehen können. An den Vorderpfoten hat die Katze fünf, an den Hinterpfoten vier Krallen. Die Vorderpfoten sind besonders beweglich und geeignet, alle Arten von Bewegungen auszuführen. Die Hinterpfoten dagegen sind besonders für Sprungbewegungen ausgelegt.
Katzen neigen im Gegensatz zum Hund eher selten zu genetischen Erkrankungen des Bewegungsapparates. Auch altersbedingte Abnutzungserscheinungen von Knochen, Gelenken und Bändern kommen bei Katzen nicht so häufig vor wie beim Hund.

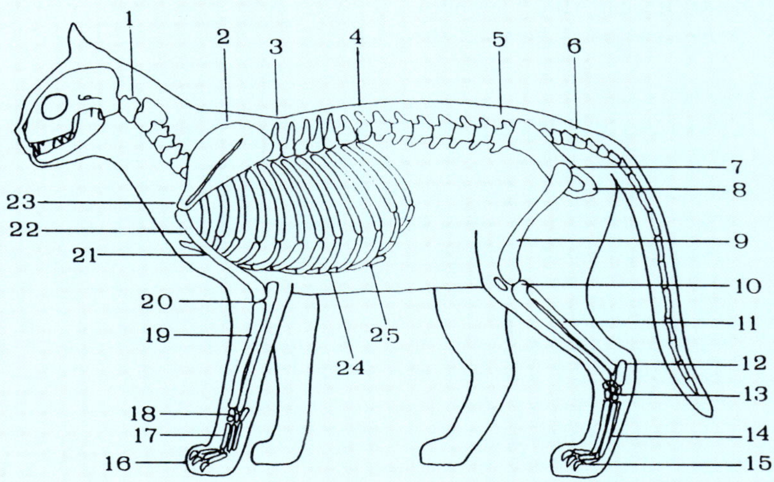

Das Skelett der Katze:
1 Hals-WS
2 Schulterblatt
3 Brust-WS
4 Lenden-WS
5 Kreuzbein
6 Schwanz-WS
7 Hüftgelenk
8 Becken
9 Oberschenkelknochen
10 Kniegelenk
11 Schien- und Wadenbein
12 Fersenbein
13 Fußwurzelknochen
14 Mittelfußknochen
15 und 16 Zehen
17 Mittelhandknochen
18 Handgelenk
19 Elle und Speiche
20 Ellenbogengelenk
21 und 25 Brustbein
22 Oberarmknochen
23 Schultergelenk
24 Brustkorb

Verletzungen

Bei Katzen kommt es meist zu verletzungsbedingten Problemen.

- **Symptome** Als erstes fällt eine Lahmheit auf: Die Katze belastet ein Bein weniger oder gar nicht und reagiert auf Berührung mit Schmerzen.
- **Behandlung** Untersuchen Sie bitte alle vier Gliedmaßen genau von oben nach unten. Beugen und strecken Sie (falls möglich auch drehen) jedes Gelenk. Weist die Katze äußere Verletzungen auf, sollten Sie sie zum Tierarzt bringen. Die Ballen müssen genau untersucht werden, auch in den Bereichen zwischen den Zehen. Überprüfen Sie auch die Krallen, durch Druck von oben lassen sie sich ausfahren.

Ballenverletzungen

Ballenverletzungen sind zwar bei der Katze sehr selten, verursachen aber eine sehr starke Lahmheit, da sie sehr schmerzhaft sind.

- **Ursache** Meist kommt es zu Ballenverletzungen durch herumliegende Glassplitter oder andere scharfe Gegenstände.
- **Symptome** Auffällig ist, das die Katze solche Stellen intensiv beleckt. Wurde eine Beugesehne durchtrennt, können eine oder mehrere Zehen unnatürlich weit hoch stehen.
- **Behandlung** Reinigen Sie Wunden und legen Sie einen Schutzverband an (siehe Kap. Verbände anlegen und Kap. Verletzungen). Bei tiefen Wunden oder bei einem Zehenhochstand sollten Sie die Katze zum Tierarzt bringen.

› *Verbände anlegen* S. 38
› *Verletzungen* S. 36

Wenn Ihre Katze humpelt, sollten Sie die verletzte Gliedmaße Gelenk für Gelenk abtasten. Fangen Sie unten bei der Pfote an …

… und arbeiten Sie sich über das Handgelenk, den Ellenbogen …

… bis zur Schulter hoch, bis Sie die verletzte Stelle finden können.

Stürze aus großen Höhen...

Knochenbrüche

Fachbegriff Frakturen
Bei Brüchen unterscheidet man geschlossene und offene Brüche (Frakturen). Von einem geschlossenen Bruch spricht man, wenn die Haut über dem Bruch noch intakt ist. Ist dies nicht der Fall, spricht man von einem offenen Bruch. Hier ist die Gefahr groß, dass Bakterien in die Wunde eindringen und die Heilung stark gefährden oder sogar verhindern.

Symptome Ein gebrochenes Bein hängt oftmals in einem unnatürlichen Winkel schlaff herunter und wird nicht belastet. Bewegungen sind sehr schmerzhaft und das Bein schwillt in den meisten Fällen an. Bei jeder Hautwunde an einer Gliedmaße, bei der auch der Verdacht eines Bruches besteht, kann es sich auch um einen offenen Bruch handeln, auch wenn der Knochen selbst nicht zu sehen ist. Offene Brüche kommen in erster Linie am Unterschenkel vor, da dieser an der Innenseite nur von einer Hautschicht bedeckt ist.

Sofortmaßnahmen Zuerst wird die Wunde mit klarem Wasser, besser mit steriler Kochsalzlösung abgespült (nicht abduschen!), um Schmutz zu entfernen. Danach sollte die Wunde mit sauberem, besser noch sterilem Verbandsmaterial abgedeckt werden. Die Katze muss auf jeden Fall daran gehindert werden, sich durch Belecken oder Benagen der Wunde weitere Verletzungen beizubringen. Anschließend wird das Bein durch einen Robert-Jones-Verband (siehe Kap. Verbände anlegen) geschützt und geschient. Im Notfall eignet sich auch eine zusammengerollte Zeitung, die ausreichend starr ist, um einen eventuell vorliegenden Bruch gut zu schienen. Die Schienung ist wichtig, weil es sonst beim Transport zu einem schmerzhaften Aufeinanderreiben der Bruchenden kommt, was zu weiteren Verletzungen führen kann. Nach Möglichkeit setzt man die Katze in einen Katzenkorb oder Karton, in dem sie nicht viel Bewegungsmöglichkeit hat und transportiert sie so rasch zum Tierarzt.

> **Behandlung** Offene Brüche sollten sofort chirurgisch versorgt werden.

Gelenkverletzungen

Gelenkverletzungen kommen meist in Verbindung mit einem Knochenbruch vor. Häufig ist die Ausrenkung des Hüftgelenks, seltener des Ellbogengelenks.

> **Symptome** Die Katze belastet die betroffene Gliedmaße kaum, das Gelenk schwillt an, ist bei Bewegung schmerzhaft und man kann deutlich das Reiben der Knochen gegeneinander spüren.

> **Behandlung** siehe Behandlung bei Kreuzbandriss.

Kreuzbandriss

> **Ursache** Zu einer Zerreißung der Kreuzbänder des Kniegelenks kann es bereits nur durch einen Sprung vom Schrank kommen.

> **S<mptome** Auch hier belastet die Katze die betroffene Gliedmaße kaum. Um das Kniegelenk herum fällt eine deutliche Schwellung auf, das Knie ist schmerzhaft und nicht stabil.

> **Behandlung** Bei Gelenksverletzungen ist eine Selbsthilfe nicht möglich und meistens lassen sich die Katzen an dem betroffenen Gelenk nicht untersuchen. Deshalb sollte die Katze zur chirurgischen Versorgung bald bei einem Tierarzt vorgestellt werden.

> Robert-Jones-Verband S. 40
> Verbände anlegen S. 38

... und Huftritte zählen neben Autounfällen zu den häufigsten Ursachen bei Knochenbrüchen, Gelenkverletzungen und Bänderrissen.

Hormonelle Störungen

Hormone sind Wirkstoffe, die von Drüsen produziert und intervallartig ins Blut abgegeben werden, um die Körperfunktionen zu regulieren. Sie beeinflussen bereits in sehr geringen Konzentrationen den Stoffwechsel, somit können Störungen der Hormonproduktion zu starken Stoffwechselentgleisungen und somit zu Krankheiten führen.

Zuckerkrankheit

- **Fachbegriff** Diabetes mellitus
- **Funktion** Die Bauchspeicheldrüse (Pankreas) ist ein Beispiel für eine hormonbildende Drüse. Hier werden zwei Hormonarten produziert. Einmal wird das Hormon Insulin und sein Gegenspieler Glukagon gebildet. Zum zweiten werden die Verdauungsenzyme Amylase, Lipase und Trypsin gebildet. Insulin hat die Aufgabe, den Blutzuckerspiegel im Körper konstant zuhalten und wird direkt ins Blut abgegeben. Die Verdauungsenzyme werden über einen Ausführungsgang direkt in den Darm abgegeben, wo sie für die Spaltung des Nahrungsbreis zuständig sind.
- **Ursache** Eine Fehlfunktion führt zum Insulinmangel und äußert sich in der Zuckerkrankheit (Diabetes mellitus).
- **Symptome** Dadurch kommt es zu gesteigertem Durst und Harnabsatz. Die Katze magert trotz Futteraufnahme ab, ist apathisch und müde. Vor allem betrifft diese Krankheit Kater über 6 Jahre.
- **Diagnose** Die Diagnose lässt sich durch einen Blut- und Urintest feststellen. Nicht vergessen werden sollte, den Langzeitwert, das Fruktosamin zu bestimmen.
- **Behandlung** Wird dann Diabetes mellitus diagnostiziert muss der Katze lebenslang Insulin gespritzt werden. Dies klingt schlimmer als es ist. Beide Parteien gewöhnen sich nach meiner Erfahrung ziemlich schnell daran. Anfänglich kann sich die genaue Dosisfindung etwas schwierig gestalten und dann müssen die Blutwerte kontrolliert werden. Das Insulin wird ein- oder zweimal täglich subkutan, d.h., in die obere Hautschicht gespritzt.

Bei großem Durst über längeren Zeitraum sollten Sie Ihre Katze auf Verdacht von Diabetes mellitus untersuchen lassen.

- **Wichtig** Bitte nicht eigenmächtig die Dosierung ändern und den Zeitplan einhalten! Wichtig ist es, zur Kontrolle auf Durst, Urinabsatz, Appetit und das Gewicht der Katze zu achten. Sie können auch den Harnzucker mit einem Urinstreifen messen. Ist die Katze gut eingestellt, darf der Streifen keinen Zucker anzeigen. Bei Veränderungen setzen Sie sich bitte sofort mit ihrem Tierarzt in Verbindung.
- **Überdosierung** Kommt es aus Versehen zu einer Überdosierung des Insulins, so fällt der Zuckerspiegel rapide ab und es entsteht ein akuter Unterzucker mit folgenden Symptomen: allgemeine Schwäche, Muskelzittern, Krämpfe und Störungen des zentralen Nervensystems. Zu letzterem zählen Koordinationsprobleme mit schwankendem Gang und Bewusstseinsverlust bis hin zum Koma.

Dr. Wolfs Praxis-Tipp

Bei Unterzucker muss schnellstmöglich Zucker, Traubenzucker oder Honig in das Maul eingegeben werden.
Vorsicht bei einer Katze, die bereits im Koma liegt. Sie muss unverzüglich zum Tierarzt gebracht werden. Bitte nichts eingeben, da sie sich daran verschlucken kann!

Die Schilddrüse

Die Schilddrüse bildet zwei Hormone (T3 und T4), deren wichtiger Inhaltsstoff das Jod darstellt. Die Hormone der Schilddrüse haben eine große Wirkung auf den Stoffwechsel: Sie fördern den Grundumsatz sowie das Wachstum und erhöhen den Kohlenhydratumsatz.

Schilddrüsenunterfunktion

- **Fachbegriff** Hypothyreose
- **Ursache** Bei der Unterfunktion der Schilddrüse spricht man von einer Hypothyreose. Hierbei ist der Stoffwechsel erniedrigt.
- **Symptome** Sie führt zu Fettansatz und generell sind die Katzen nicht mehr so lebhaft. Hypothyreose-Katzen neigen zu Übergewicht trotz schlechtem Appetit und haben meist trockene, schuppige Haut, oft auch Haarausfall. Auch Fruchtbarkeitsstörungen können auftreten.
- **Behandlung** Durch die Gabe von Thyroxin, einem Hormon lässt sich die Unterfunktion meist gut ausgleichen. Da die Überfunktion schwierig zu diagnostizieren ist, sollte man sich am besten an einen spezialisierten Tierarzt wenden. Die Hypothyreose ist bei der Katze eher selten im Gegensatz zum Hund, wo es häufiger auftritt. Es gibt jedoch auch eine angeborene Störung.

Schilddrüsenüberfunktion

- **Fachbegriff** Hyperthyreose
- **Symptome** Eine Überfunktionder Schilddrüse bewirkt Abmagerung, vermehrten Durst, erhöhten Harnabsatz, Durchfall sowie gesteigerte Nervosität und Herzrhythmusstörungen. Manchmal kann es auch zu eine erhöhte Aggressivität der Katze beobachtet werden.
- **Vorkommen** In den letzten Jahren wird eine Überfunktion der Schilddrüse immer häufiger diagnostiziert. Vor allem ältere Tiere (über 8 Jahre, im Furchschnitt 13 Jahre alt) sind hiervon betroffen.
- **Diagnose** In beiden Fällen (sowohl bei der Schilddrüsenunter- als auch bie der Schilddrüsenüberfunktion) kann dies durch eine Blutuntersuchung festgestellt werden, wobei die Unterfunktion schwieriger zu diagnostizieren ist.
- **Behandlung** Abhängig von der Gesundheit der Katze wird bei der Überfunktion zu einer medikamentösen Behandlung oder der Entfernung der Schilddrüse geraten.

Nebenschilddrüse

Genau neben der Schilddrüse liegen die Nebenschilddrüsen. Diese bilden das Parathormon, welches für den Phospor- und Kalziumstoffwechsel wichtig ist.

- **Ursache** Angeborene Störungen sind bei der Katze sehr selten. Es kann allerdings bei einer Schilddrüsenoperation zu Problemen kommen, da die winzig kleinen Nebenschilddrüsen mitentfernt oder ihre Blutzufuhr verletzt wurden.
- **Symptome** Dann kommt es zu einem Kalziummangel, der sich in Krämpfen, Muskelzucken sowie Verhaltensstörungen äußert.
- **Behandlung** Treten also Probleme dieser Art nach einer Schilddrüsenoperation auf, sollte schnellstmöglich ein Tierarzt aufgesucht werden. Eine Blutuntersuchung sichert die Diagnose und eine intravenöse Kalziumverabreichung bringt den Kalziumspiegel wieder auf das richtige Niveau.

Die Nebenniere

Hormonelle Störungen der Nebenniere sind bei der Katze sehr selten, im Gegensatz zum Hund.
Funktion Die 2 Nebennieren liegen jeweils neben den Nieren. Sie produzieren Kortison, Adrenalin und Noradrenalin. Kortison hat eine vielfältige Wirkung auf den Organismus. Es greift in den Eiweiß- Zucker- und Fettstoffwechsel ein und hat Einfluss auf den Mineralhaushalt des Köpers. Kortisonpräparate werden häufig bei der Behandlung von chronischen Entzündungen und Allergien eingesetzt.

Schwankungen im Kortisonspiegel

- **Symptome** Ein zu niedriger Kortisongehalt im Blut führt u.a. zu Gewichtsverlust, Blutzuckersenkung und zu niedrigem Blutdruck.
Ein erhöhter Kortisonspiegel führt zur Fettsucht, Blutzuckererhöhung und Haarausfall. Die Haut wird dünner und kann leicht einreißen.
- **Diagnose** Durch mehrere Blut- und Urintests kann eine Diagnose gestellt werden.
- **Behandlung** Für eine Behandlung sollte man sich an einen versierten Tierarzt wenden, der Erfahrung auf diesem Gebiet hat.
- **Achtung** Adrenalin und Noradrenalin gehören zu den Stresshormonen und können eigenständig durch eine Erhöhung oder Erniedrigung keine Krankheit auslösen.

Die Geschlechtsorgane

Funktion Der Hoden und die Eierstöcke (Ovarien) enthalten auch Keimdrüsen und produzieren Hormone. Störungen sind hier aber sehr selten, zudem die meisten Katzen kastriert werden.
Gelegentlich kann es beim Kater zum einseitigen Hodenabstieg kommen. Beim erwachsenen Kater sollten beide Hoden in ihrem Hodensack liegen.
Bei Zuchttieren und unkastrierten Haustieren kann es gelegentlich zu Fruchtbarkeitsstörungen kommen. Diese können sich in Unfruchtbarkeit, Dauerrolligkeit, Deckunlust oder einer übersteigerten Sexualität äußern.

Vereiterte Gebärmutter

- **Fachbegriff** Pyometra
Gelegentlich kann es bei der weiblichen Katze zu einer Pyometra, d.h. eitergefüllte Gebärmutter kommen. In der Regel betrifft dies aber eher Hündinnen.
- **Ursache** Der Grund hierfür sind häufig Medikamente, die zur Rolligkeitsunterdrückung gegeben werden. Dadurch kommt es zu einer stärkeren Sekretion der Drüsen, was wiederum zu einer Vereiterung führen kann. Dies ist auch ein Grund, warum die Kastration vorzuziehen ist.

Übergewicht resultiert meistens aus Überfütterung. Manchmal kann jedoch auch ein erhöhter Kortisonspiegel dafür verantwortlich sein.

Altersbedingte Erkrankungen

Da eine ältere Katze generell anfälliger ist, sollte sie mindestens einmal im Jahr dem Tierarzt vorgestellt und ein Gesundheits-Check durchgeführt werden. Dieser sollte eine genaue Untersuchung der Katze (Augen, Ohren, Herz und Lunge abhören, Temperatur messen) sowie eine Blutuntersuchung umfassen.

Durch das im Alter schwächere Immunsystem kann es leichter zu Infektionen der Haut und der Ohren kommen, Verletzungen heilen schlechter ab. Herz- und Kreislauferkrankungen treten häufiger auf. Die häufigste Alterkrankheit bei den Katzen stellt die Niereninsuffizienz dar. Deshalb bei Hinweisen (vermehrter Durst und Harnabsatz, siehe Kap. Blase und Nieren) den Tierarzt aufsuchen. Auch an Diabetes mellitus sollte bei diesen Symptomen gedacht werden. Verstopfung ist meist ein Ernährungsproblem, s. S.96, leider kann aber auch ein Tumor der Grund dafür sein, denn die Tumorrate nimmt bei der älteren Katze zu.

Auch die Schilddrüsenüberfunktion (Hyperthyreose) gehört zu den Diagnosen die häufiger bei der älteren Katze gestellt werden (s. S. 114).

› *Blase und Nieren* S. 104
› *Diabetes mellitus* S. 112
› *Verstopfung* S. 96
› *Hyperthyreose* S. 114

› **Ursache** Wichtig ist deshalb die Katze regelmäßig untersuchen zu lassen, denn bei frühem Eingreifen können die meisten Katzen trotz Krankheit noch eine ganze Weile leben. Viele Katzen gewinnen durch die Behandlung auch ihre Lebensfreude zurück.

Sie ist schon ein wenig betagt, doch ein gemütlicher Streifzug und eine Ruhepause in der Sonne gehören zum täglichen Repertoire.

Ein Fall aus Dr. Wolfs Tiersprechstunde

> Katze mit Gebärmutterentzündung

Der Fall

Frau Römer bringt ihre Katze Kitty zu mir in die Praxis. Aufgeregt schildert sie, dass Kitty zuerst hinten geblutet hat und nun einige Tage später trübes Wasser absondert. Ich erfahre von Frau Römer, dass Kitty nach wie vor einen gesunden Appetit hat und schon einmal per Kaiserschnitt Nachwuchs bekommen hat. Ansonsten sei sie lieb wie immer und sieht auch ganz gesund aus.

Die Untersuchung

Um abzuklären, ob die Gebärmutter mit Eiter gefüllt ist, schlage ich eine Röntgenaufnahme vor. Der Röntgenbefund deutet nicht auf Eiter in der Gebärmutter hin. Das bedeutet, dass zumindest keine sehr großen Mengen an Eiter vorhanden sind. Zur besseren Abklärung mache ich noch eine Ultraschallaufnahme der Bauchhöhle. Auf dem Ultraschallbild kann man die vereiterte Gebärmutter gut erkennen und außerdem kann ich nun deutlich sehen, dass Eiter aus der Scheide fließt. Das ist ein Alarmzeichen.

Die Diagnose

Kitty leidet an einer für Katzen sehr seltenen Gebärmutterentzündung, einer Pyometra. Wird nun nicht eingegriffen, besteht die Gefahr, dass die Gebärmutter durch den nicht abfließenden Eiter bis zum Platzen anschwillt. Der Eiter würde sich in die Bauchhöhle ergiessen und könnte eine lebensbedrohliche Bauchfellentzündung (Peritonitis) zur Folge haben.

Die Behandlung

Kitty werden chirurgisch die Gebärmutter samt den Eierstöcken entfernt. Bei der Operation bestätigt sich mein Verdacht einer starken Gebärmutterentzündung. Um weiteren Entzündungen vorzubeugen, wird ihr lokal in die Bauchhöhle Antibiotika verabreicht.

Die Ursache

Die Krankheit wird durch Bakterien ausgelöst, die gegen Ende der Rolligkeit in die Gebärmutter aufsteigen. Hormonbehandlungen, die die Rolligkeit der Katze unterdücken sollen, begünstigen das Entstehen einer Pyometra.

Die Genesung

Kittty darf nach der OP direkt nach Hause und sich dort vollends ausschlafen. Sie wird sich dann bald wieder vollständig erholen.

Mein Rat

Narkotisierte Katzen haben durch die Betäubung einen völligen ausgeschalteten Lidreflex . Das heißt, dass die Augen weit geöffnet sind. Um eine Austrocknung der Hornhaut zu verhindern, sollte immer eine Creme auf die geöffneten Augen aufgetragen werden.

Service

Zum Weiterlesen

Bücher

Ballner, Maryjean
Streichelmassage für Katzen
Kosmos, Stuttgart 2000

Becvar, Wolfang
Naturheilkunde für Katzen
Kosmos, Stuttgart 2003

Brixner, Saskia:
Gesundheit und Fitness für Katzen
Kosmos, Stuttgart 1999

Faustmann, Ingo
Katzensprache verstehen
Kosmos, Stuttgart 1999

Grimm, Hannelore
Ein Kätzchen kommt ins Haus
Kosmos, Stuttgart 2002
Glückliche Wohnungskatzen
Kosmos, Stuttgart 1997
So fühlt sich meine Katze wohl
Kosmos, Stuttgart 2002

Hensel, Wolfgang
Deine Katze
Kosmos, Stuttgart 2001

Johnson, Pam
Katzenpsychologie
Kosmos, Stuttgart 1998
Katzen auf der Couch
Kosmos, Stuttgart 1998

Kraa, Gisela
Bachblüten für Katzen
Kosmos, Stuttgart 2002

Lauer, Isabella
Meine Katze
Kosmos, Stuttgart 1998
Wenn Katzen reden könnten
Kosmos, Stuttgart 2003

Laukner, Anna
Wenn meine Katze krank ist
Kosmos, Stuttgart 2003

Mahkorn, Medea-Rachel
Erste Hilfe für meine Katze
Kosmos, Stuttgart 2002

Metz, Gabriele
So verwöhne ich meine Katze
Kosmos, Stuttgart 2003

Tellington Jones, Linda
TTouch für Katzen
Kosmos, Stuttgart 2003

Theilig, Harald
Katzen
Kosmos, Stuttgart 1993
Mit Katzen spielen und lernen
Kosmos, Stuttgart 1998

Zeitschriften

Geliebte Katze
Gong-Verlag, Nürnberg
Katzen extra
Symposium-Verlag, Remlingen
Our Cats
Minerva-Verlag, Viersen

Adressen

1. Deutscher Edel-Katzen-Züchterverband e. V. (DEKZV)
Berliner Str. 13
35614 Asslar
Tel. 06441-8479
www.dekzv.de

Deutsche Edelkatze e. V.
Geisbergstr. 2
45139 Essen
Tel. 0201-555724

Deutsche Rassekatzen-Union e. V. (DRU)
Hauptstr. 56
56814 Landkern
Tel. 02653-6207

Süddeutscher Rassekatzen-Verband e. V. (SDRV)
Fallrohrstr. 30
90480 Nürnberg
Tel. 0911-4097788

Österreichischer Verband für die Zucht und Haltung von Edelkatzen (ÖVEK)
Liechtensteinstr. 126
A-1090 Wien
Tel. 0222-3196423

Klub der Katzenfreunde Österreichs (KKÖ)
Castellezg. 8/1
A-1020 Wien
Tel. 0222-2147860

Féderation Féline Helvétique (FFH)
Solothurner Str. 83
CH-4053 Basel
Tel. 061-617064

Cat-Sitter-Clubs
Kontaktadresse:
Verein Deutscher Katzenfreunde e. V.
Silberberg 11
22119 Hamburg
Tel. 040-454842

Register

Bildnachweis
Mit einem Farbfoto von Christine Axmann, Stuttgart (S. 30), 51 Farbfotos von Gabriele Metz, Mühlheim, 16 Farbfotos von Gabriele Metz/Kosmos (S. 34 beide, 35 beide, 38 alle vier, 39 alle drei, 71, 73, 109 alle drei) und einem Farbfoto von Christof Salata, Stuttgart (S. 14). Die Farbfotos von Dr. Wolf stammen von VOX/Marcus Kaufhold. Mit vier Schwarzweiß-Zeichnungen von Eva Hohrath (S. 61, 77, 80, 108), einer Zeichnung von Milada Krautmann (S. 27) und einer weiteren von Schwanke und Raasch (S. 58).

Impressum
Umschlagsgestaltung von eStudio Calamar unter Verwendung von einem Farbfoto von Ulrike Schanz und VOX/Marcus Kaufhold.

Mit 73 Farbfotos und 6 Schwarzweißzeichnungen.

Gedruckt auf chlorfrei gebleichtem Papier

ISBN 978-3-440-09586-7
Projektleitung: Ute-Kristin Schmalfuss
Redaktion: Alice Rieger
Gestaltungskonzept: eStudio Calamar
Produktion: Kirsten Raue / Markus Schärtlein
Printed in The Czech Republic / Imprimé en République Tchèque